U0250929

边疆地区社会秩序及乡村治理系列丛书

谢尚果　李文平　宋才发／主　编

包　头　市
南海湿地风景区调查

秦莉佳　著

民族出版社

总 序

谢尚果　宋才发　李文平

中国历来重视对边疆地区的安全治理。2015 年 3 月 8 日，习近平总书记在参加广西全国人大代表团审议时发表重要讲话，强调"要加大对边境地区投入力度，依法加强社会治理、深入推进平安建设，依法管控边境秩序、维护边境地区安全稳定"①。中共十八大以来，边疆治理工作不断发展和完善，对边疆社会稳定、边疆建设、民族团结等有着重要影响。中共二十大报告强调：要"支持革命老区、民族地区加快发展，加强边疆地区建设，推进兴边富民、稳边固边"②。2022 年《中华人民共和国陆地国界法》的施行，更加体现了国家"依法治边"的大政方略。在此背景下，《边疆地区社会秩序及乡村治理系列丛书》课题组自2017 年至 2022 年，用了近五年的时间，到广西、内蒙古、云南等省区进行实地调研，就边疆治理问题展开深入研究。课题组成员通过听取边民讲述生产生活、边疆管控与社会管理等方面的实际情况，分析影响边疆安全稳定的突出问题，研究如何加强并创新边疆治理的对策。

《边疆地区社会秩序及乡村治理系列丛书》主要以安边、固边、兴边三个主题为线索，最终形成《广西边境地区民生安边调查》《广西边境地区兴边富民调查》《广西边境地区社会秩序调查》《广西边境地区文化固边调查》《广西边境地

---

① 张宿堂、秦杰、霍小光等《奏响"四个全面的时代强音——习近平总书记同出席全国两会人大代表、政协委员共商国是纪实"》，载新华网，2015 年 3 月 14 日。
② 习近平：《高举中国特色社会主义伟大旗帜　为全面建设社会主义现代化国家而团结奋斗——在中国共产党第二十次全国代表大会上的报告》，载《人民日报》，2022 年 10 月 26 日。

区稳疆固边调查》《包头市北梁棚户区改造调查》《包头市乔家金街调查》《包头市南海湿地风景区调查》8本书。丛书采取统一集中调研，书稿撰写分工负责、落实到人的方式进行。谢尚果、宋才发、李文平负责整套丛书的策划、组织工作，任整套丛书的主编。调研组其他成员分别负责每本书的写作和修改事宜，每本书的著作权归撰写者所有。

这套丛书以广西和内蒙古作为调研对象，对近些年的广西和内蒙古的边境口岸基础建设、互市贸易、阻止非法越境、打击邪教组织和处置边境犯罪等热点问题进行了体系化的深入研究，在此，特别感谢广西、内蒙古边境地区相关政府部门给予本书调研组的大力支持。

是为序。

2023 年 7 月 25 日

前　言

　　湿地是重要的自然资源和独特的生态系统。作为重要的自然资源，湿地能够给人类提供丰富的物质产品和文化产品，带来可观的经济利益。同时，湿地是介于水、陆之间的一种独特的生态系统，它作为地球的三大生态系统之一，具有维持生物多样性、调洪蓄水、储碳固碳、调节气候、净化环境等重要的生态功能，被誉为"地球之肾"。

　　党的十八大以来，以习近平同志为核心的党中央，高度重视我国湿地保护，加强了党对全国湿地保护的指导，制定和出台了全面保护湿地的政策，将湿地保护作为生态文明建设的重要内容，对湿地保护修复作出了顶层设计和总体部署。多年来，习近平总书记心系湿地保护，强调"要坚定不移把保护摆在第一位，尽最大努力保持湿地生态和水环境。"为我国湿地保护指明了方向。2021年底，我国通过了《中华人民共和国湿地保护法》，结束了我国长期以来湿地保护法律缺失的局面，为依法保护和利用湿地提供了有力的法律保障。

　　正确处理湿地保护和利用的关系是湿地可持续发展的关键。一方面，坚持将湿地保护摆在第一位，留住湿地的天然本底，才能为人类的生存和发展提供基本的物质基础，才能为子孙后代留下更多生机盎然的大美湿地。另一方面，随着人们对美好生活需要的提高，湿地尤其是城市湿地成为市民重要的游憩空间，与人民福祉密切相关。对湿地进行保护和修复，最终目的是协调当代人和后代人对湿地的绿色空间和物质的公平享有，保护国家生态安全，走良性循环的发展道路。积极完善湿地保护体系，持续加大保护修复力度，推动湿地保护生态效益、社会效益、经济效益有机结合。

1

包头市南海湿地风景区位于内蒙古自治区包头市东河区南侧，黄河之滨，在包头南海子湿地自然保护区的实验区内，融城市、黄河和湿地于一体，通过保护和开发利用湿地资源，不断满足人民群众日益增长的对美好生活的需要，是集生态休闲、旅游观光和科普宣传为一体的综合性旅游风景区。2018年7月，在广西民族大学和包头市东河区人民政府的大力支持下，在宋才发教授的带领下，调研组一行到包头南海湿地风景区调研，了解南海子湿地的保护和开发情况。通过座谈和实地调研，包头市南海子湿地具有悠久的历史，拥有丰富的鸟类资源、渔业资源、植物资源和独特的旅游资源，为包头市的经济发展、社会发展和生态建设发挥了必不可少的作用，创造了经济价值、社会价值和生态价值。尤其是在湿地保护方面，2007年11月，包头市第十二届人民代表大会常务委员会第三十二次会议通过《包头市南海子湿地自然保护区条例》的地方立法，贯彻落实"依法治湿"理念走在了全国前列。此外，南海湿地加强湿地规划、执法、宣教、修复、监测、科研等工作，开创了"依法治湿、以科兴湿、以宣促湿、以产强湿"的保护方法。历经十五载，作为我国北方重要生态安全屏障中的一环，南海湿地通过"依法治湿"保护和修复取得了一系列明显的生态成效：水清了，鸟和植物多了，湿地面积扩大了。湿地鸟类由2001年的77种增加到232种，湿地面积由过去的1585公顷增加至2992公顷，湖泊面积由过去的333公顷增加至713公顷，成为包头市内的万亩湖泊。由于湿地生态服务功能明显改善，被专家誉为包头市的"五库"——碳库、水库、氧库、食品库、基因库。其经验值得总结和推广。与此同时，其在湿地保护和开发过程中也存在一些共性的问题，亟需解决。本书共五章，前三章分别就南海湿地风景区的历史沿革、性质、功能、特点和其在包头市、东河区的价值和作用展开了详细介绍。第四章重点对南海湿地风景区鸟类资源、渔业资源、植物资源、旅游资源的保护和开发利用展开论述，并指出其存在的问题。第五章总结和思考南海湿地风景区贯彻落实"依法治湿"理念取得的成就和存在的问题，并提出建议。

湿地的保护和开发利用，涉及生态环境这一事关民生的重大课题。希望通过本书，可以吸引更多人走进湿地，了解湿地，保护湿地。为改善我们的生态环境、建设生态文明贡献力量。

限于资料的可得性、作者专业水平等，书中难免存在不足和疏漏之处，诚请各位专家和读者批评指正。

秦莉佳

2023 年 8 月

目　录

第一章　包头市南海湿地风景区的历史沿革

内蒙古自治区包头市南海湿地被誉为"塞外西湖"，是我国中西部干旱与半干旱地区珍贵的城市湿地，隶属于内蒙古自治区包头市东河区，南接黄河，北依青山，毗邻市区。地理位置为东经 109°57′54″~110°07′12.8″，北纬 40°30′8″~40°33′26″。南海湿地总面积约 2992 公顷，由内蒙古自治区南海湿地自然保护区和包头黄河国家湿地公园南海湖片区两部分组成，其中保护区面积为 1664 公顷，湿地公园面积为 1328 公顷。南海湿地风景区位于南海子湿地自然保护区的实验区，是对南海子湿地特色资源开发利用的区域。

第一节　湿地相关概念辨析

一、湿地

（一）湿地概述

湿地是滨临江、河、湖、海或位于内陆，并长期受水浸泡的洼地、沼泽和滩涂的统称。① 它是一种介于水、陆之间的独特、复杂的生态系统。一般因地势低平、排水不良或受海洋潮汐涨落影响而形成。《关于特别是作为水禽栖息地的国际重要湿地公约》（以下简称《湿地公约》）中湿地

---

① 辞海编辑委员会编：《辞海（第六版缩印本）》，1695 页，上海，上海辞书出版社，2010。

系指不问其为天然或人工、常久或暂时之沼泽地、湿原泥炭地或水域地带，带有或静止或流动、或为淡水、半咸水或咸水水体者，包括低潮时水深不超过 6 米的水域。① 我国《湿地保护管理规定》中所称的湿地，是指常年或者季节性积水地带、水域和低潮时水深不超过 6 米的海域，包括沼泽湿地、湖泊湿地、河流湿地、滨海湿地等自然湿地，以及重点保护野生动物栖息地或者重点保护野生植物原生地等人工湿地。② 我国《湿地保护法》中的湿地是指具有显著生态功能的自然或人工的，常年或季节性积水地带、水域，包括低潮时水深不超过六米的海域。③（水田以及用于养殖的人工的水域和滩涂除外）

关于湿地并没有一个统一的定义，虽然每种定义都有自己独特的侧重点和关注点，但是都离不开水、土、植物三个要素。由此可以得出湿地具有三大要素：积水、饱和土壤和适于生存的独特生物。

第一，湿地是在各种水文条件下形成的土地类型。其中的水源主要是降水、地表径流、泛滥河水、潮汐和地下水。

第二，湿地中会有水层，这层水有的是季节性积水，有的是潮汐带来的积水。虽然这层水并不一定存在于湿地表面，但是水位与地表特别接近，所以湿地有水分饱和的土壤。在水陆系统的交界处多存在湿地。在水深为 2 米的地方是湿地与水生系统的分界点，而土壤水分饱和地带的边缘是其与陆地系统的分界。

第三，湿地最重要的特征是水成土。所谓水成土指的是水分饱和的或淹浅水的，处于无氧条件的土壤。④ 这种特殊的土壤为独特的生物提供了生存环境，进而维护了生物多样性。

按照《湿地公约》对湿地类型的划分，除了极地以外的 32 类天然湿

① 《关于特别是作为水禽栖息地的国际重要湿地公约》（简称《湿地公约》），第一条。
② 《湿地保护管理规定》（2017 年修改）第二条。
③ 《湿地保护法》第二条。
④ 田勇编著：《守护最后一块湿地》，5 页，石家庄，河北科学技术出版社，2014。

地和 10 类人工湿地在中国均有分布。其中，近海及海岸湿地包括浅海水域、潮下水生层、珊瑚礁、岩石性海岸、潮间沙石海滩、潮间淤泥海滩、潮间盐水沼泽、红树林沼泽、海岸性咸水湖、海岸性淡水湖、河口水域和三角洲湿地；河流湿地包括永久性河流、季节性或间歇性河流和泛洪平原湿地；湖泊湿地包括永久性淡水湖、季节性淡水湖、永久性咸水湖和季节性咸水湖；沼泽湿地包括藓类沼泽、草木沼泽、沼泽化草甸、灌丛沼泽、森林沼泽、内陆盐沼、地热湿地、淡水泉或绿洲湿地；人工湿地包括池塘、水库、稻田及重点保护野生动物栖息地、重点保护野生植物原生地等。

　　湿地是重要的自然资源，具有重要的生态功能。因为湿地是一种介于水域和陆地之间的生态系统类型，其水义过程、地球化学过程以及营养循环过程都具有较大的区域差异性，能满足多种多样的动植物类群对环境条件的不同要求。全球超过 40% 的物种都依赖湿地繁衍生息，其为水生动植物栖息、繁衍、生长和候鸟越冬提供场所，具有调节气候、涵养水源、滞洪泄洪、降解污染物质，维持生物多样性和保护环境的功能。因此湿地被形象地称为"生物的天堂""物种基因库"，成为生物多样性保护的热点区域。湿地也被誉为"地球之肾"，与森林、海洋一起并称为全球三大生态系统，且是自然界中自净能力最强的生态系统。

　　1971 年 2 月 2 日，澳大利亚、荷兰、希腊等 18 个国家的代表在伊朗拉姆萨尔签署《湿地公约》，1975 年 12 月 21 日正式生效，截至 2022 年 11 月有缔约方 172 个。从该公约的具体规定可知，其对湿地的保护初衷主要基于水禽及其栖息地的保护 [1]，偏重从这个角度考虑其生态价值，致力于通过缔约方政府间协商一致采取行动保护湿地及其动植物。随着湿地研究和探索的不断深入，经过 50 多年的发展，人类对湿地有了更全面的认识，《湿地公约》对湿地的关注视野已从单纯的候鸟保护，转向整个地球湿地生态系统的保护及其功能的发挥。为了纪念这一创举并提高公众的湿地保护意识，1996 年《湿地公约》常务委员会第 19 次会议决定，从 1997 年

---

　　① 参见《湿地公约》第二条

起，将每年的 2 月 2 日定为世界湿地日。至今已历经了 27 个世界湿地日，每届世界湿地日都提出了与湿地相关的不同主题，以增加公众对湿地的了解，提高湿地保护意识。例如，2023 年第 27 个世界湿地日的主题为湿地修复、2020 世界湿地日主题是湿地与生物多样性——湿地滋润生命、2019 世界湿地日主题是湿地——应对气候变化的关键、2018 世界湿地日主题是湿地——城镇可持续发展的未来、2012 世界湿地日主题是负责任的旅游有益于湿地和人类——湿地与旅游。

虽然，人们努力宣传提高湿地保护意识，但是全世界湿地仍面临着面积减少和功能退化的威胁。根据 2018 年第一版《全球湿地展望》和 2021 年《全球湿地展望特刊》的最新估计，全球湿地面积至少有 15 亿—16 亿公顷，[1] 但全球湿地面积仍不断缩减。据已有数据推测，1970 年至今，全球已经损失了 35% 的自然湿地，其消失的速度是森林消失速度的 3 倍。[2] 联合国千年生态系统评估报告指出，湿地退化和丧失的速度超过了其他类型生态系统退化和丧失的速度。

（二）我国湿地概况

我国是亚洲湿地面积最大的国家，湿地类型多，分布广，有着众多奇景。[3] 我国湿地资源最多的省份是青海省，其次是西藏自治区、内蒙古自治区和黑龙江省。截至 2019 年，内蒙古自治区全区有河流、湖泊、沼泽和人工湿地 4 大类 19 种类型湿地，总面积 9015.90 万亩，占自治区国土面积的 5.08%，占全国湿地面积的 11.25%，居全国第 3 位。其中天然湿地（包括河流湿地、湖泊湿地、沼泽湿地）8818.20 万亩，占湿地总面积的 97.81%；人工湿地 197.70 万亩，占湿地总面积的 2.19%。湿地遍布内蒙古自治区全区，但总体上东部地区多于西部地区，中部、南部地区多于北部地区。其中，东部地区以森林沼泽、灌丛沼泽、草本沼泽及永久性淡水湖

---

① 《湿地公约》秘书处：《全球湿地展望：2021 年特刊》15 页，2021。

② 《湿地公约》秘书处：《全球湿地展望：2018 年全球湿地及其为人类提供服务状况》，4 页，2018。

③ 《全国湿地保护规划（2022—2030 年）》，1 页，2022 年 10 月。

泊湿地为主;中部以灌丛沼泽、草本沼泽及人工湿地为主;西部以季节性或间歇性河流、湖泊湿地和内陆盐沼及季节性咸水沼泽为主。全区纳入保护体系的湿地面积 2818.63 万亩,占全区湿地总面积的 31.26%。①

我国湿地同样面临着面积萎缩、污染加剧、生态功能下降、整体效益下降等问题。据第二次全国湿地资源调查成果显示,近 10 年(2003—2013 年)来,我国湿地面积以每年约 33.96 万公顷的速度在减少,湿地总面积减少了 339.63 万公顷,其中自然湿地面积减少最为严重,约减少了 337.62 万公顷。究其原因,污染、过度捕捞、围垦、外来物种入侵和基建占用等问题依然是我国湿地面临的主要威胁,它们已造成了湿地生态状况恶化、生态功能下降和生物多样性减退,严重影响了湿地维护国家生态安全、国土安全、粮食安全、物种安全、淡水安全和气候安全等作用的有效发挥。由此可见,我国湿地保护的任务十分艰巨和紧迫。

针对湿地退化的状况,我国采取了积极的保护措施。党中央、国务院高度重视湿地保护工作,自 1992 年加入《湿地公约》以来,相继采取了一系列重大举措加强湿地保护与恢复,初步形成了以湿地自然保护区为主体,湿地公园和湿地保护小区并存,其他保护形式互为补充的湿地保护体系。如今,我国已进入从抢救性保护湿地到全面保护湿地的新征程,从国家到地方,湿地保护的力度在不断加强。体现在以下几个方面:

一是制定全面保护湿地的政策。为了加强对全国湿地保护的指导,党中央和国务院颁布了一些重要的指导政策。2003 年 9 月,国务院原则同意了《全国湿地保护工程规划(2002—2030 年)》,作为我国湿地保护中长期规划,明确了我国湿地保护的近期、中期和远期目标。2004 年,国务院办公厅发出《关于加强湿地保护管理的通知》,提出对自然湿地进行抢救性保护。2005 年,国务院批准了《全国湿地保护工程实施规划(2005—2010 年)》,以工程措施对重要退化湿地实施抢救性保护。党的十八大和十八届三中、四中、五中、六中全会及 2009 年至 2016 年的中央一号文件等,均对湿地保护提

---

① 《内蒙古自治区林业和草原资源概况》,载内蒙古林业和草原局网站。https://lcj. nmg. gov. cn/lcgk1/,2023 年 8 月 8 日访问。

出了一系列明确要求,包括:"加大自然生态系统保护力度,扩大森林、湖泊、湿地面积、增加湿地保护投入""开展退耕还湿试点、湿地生态效益补偿试点、湿地保护奖励试点",等等。2015 年 4 月,党中央和国务院发布了《中共中央国务院关于加快推进生态文明建设的意见》,2016 年 11 月,国务院办公厅印发了《湿地保护修复制度方案》(2016 年)。其中,2015 年的《关于加快推进生态文明建设的意见》和 2016 年的《湿地保护修复制度方案》都将湿地面积不低于 8 亿亩列为到 2020 年生态文明建设的主要目标任务之一。尤其《湿地保护修复制度方案》更是对全面保护湿地、维护湿地生态功能和作用的可持续发展作出了顶层设计和总体部署,标志着湿地在我国已经进入全面保护阶段。方案明确指出湿地保护是生态文明建设的重要内容,要实行湿地面积总量管控,划定了全国湿地生态保护红线,明确了湿地保护修复的总体目标任务。各省、自治区和直辖市逐级分解落实湿地面积管控目标,根据各自的责任目标制定各地方的湿地保护修复制度实施方案,以确保湿地保护制度的落实。例如 2017 年 8 月,为建立全区湿地保护修复制度,增强湿地保护修复的系统性、整体性、协同性,建设我国北方重要生态安全屏障,内蒙古自治区林业厅制定了《内蒙古自治区湿地保护修复制度实施方案》,落实其区域内湿地面积总量管控,实现到 2020 年全区湿地面积不低于 9000 万亩,其中自然湿地面积不低于 8818 万亩,湿地保护率由现在的 28.5% 提高到 35% 以上的目标。湿地保护率被纳入绿色发展指标体系,作为中央对地方绿色发展实行年度评价的依据。国家林业局、国家发展改革委员会和财政部 2017 年 4 月联合印发《全国湿地保护"十三五"实施规划》,在总结和评估"十二五"湿地保护工程实施情况的基础上,根据湿地保护工程中长期规划的总体部署,以全面保护湿地、扩大湿地面积、增强湿地功能、建设生态文明、促进经济社会可持续发展为总体目标,研究提出"十三五"期间湿地保护恢复主要任务和工作内容。"十三五"期间,我国湿地保护的根本任务是全面保护与恢复湿地。充分发挥中央财政林业补助政策的引导作用,把全面保护与恢复湿地的任务落到实处。2022 年 10 月,国家林业和草原局、自然资源部在总结评估"十三五"全国湿地保护工作的基础上,经深入调查研究和充分征求意见的基础上,制定颁布了《全国湿地保护规划(2022—2030

年)》。该规划提出,到 2025 年,全国湿地保有量总体稳定,湿地保护率达到 55%。①

在一系列湿地保护政策的指导下,据国家林业和草原局湿地管理司统计,截至 2022 年 11 月,我国湿地保护管理体系初步建立,已有国际重要湿地 64 处,国家重要湿地 29 处,省级重要湿地 1021 处,湿地公园 1600 余处(其中国家湿地公园 901 处),湿地自然保护区 600 多处,13 个国际湿地城市,以及数量众多的湿地保护小区、小微湿地,全国湿地保护率达 52.65%。②

二是国家高度重视对湿地的保护,与地方分别出台了系列法律规范。由于湿地具有重要的生态功能,是人类极为宝贵的自然财富,孕育了人类文明,为人类带来福祉。2013 年 3 月,国家林业局颁布了第一部国家层面的湿地保护部门规章《湿地保护管理规定》,共 35 条,明确了湿地保护的目的、湿地保护管理的责任机构、管理职权、管理要求、保护方式等内容,并于 2017 年 12 月进行修订。其中,《湿地保护管理规定》第二十九条明确规定,除法律法规有特别规定的以外,在湿地内禁止从事下列活动:(一)开(围)垦、填埋或者排干湿地;(二)永久性截断湿地水源;(三)挖沙、采矿;(四)倾倒有毒有害物质、废弃物、垃圾;(五)破坏野生动物栖息地和迁徙通道、鱼类洄游通道,滥采滥捕野生动植物;(六)引进外来物种;(七)擅自放牧、捕捞、取土、取水、排污、放生;(八)其他破坏湿地及其生态功能的活动。此外,国家林业局起草完成了《湿地保护条例》,已上报国务院。2017 年 10 月,为加强城市湿地保护,改善城市生态环境,住房城乡建设部修订并颁布了《城市湿地公园管理办法》。2022 年 6 月 1 日,我国《湿地保护法》正式实施,这是我国首次为湿地生态系统保护进行的专门立法,弥补了长久以来我国法律层面在此方面的空白,为全社会强化湿地保护和修复提供法律遵循。还有,各地方立法机构针对湿地的保护也相应地制定了一些地方保护立法,地方湿地立法进程明显加快。截至目前,全国已有 27 个省(自治区、直辖市)颁布了关于

---

① 《全国湿地保护规划(2022—2030 年)》,7 页,2022 年 10 月。
② 央广网:《一组数据走进我国的湿地保护》,载央广网 https://news. cnr. cn/native/gd/20221106/t20221106_526052493. shtml,2023 年 8 月 8 日访问。

湿地保护的地方性法规、规章。比如,2018 年 12 月,内蒙古自治区人大常委会修订了《内蒙古自治区湿地保护条例》,增加 2 类破坏天然湿地的违法行为,明确了法律后果。

三是国家完善湿地保护管理体系。截至 2016 年,我国已有 20 个省建立了湿地保护管理专门机构,部分省同时建立了市(县)级湿地管理部门,有效地促进了湿地保护管理工作的顺利开展。经过"十二五"湿地保护工程的实施,有效增强了我国湿地保护管理能力,提升了我国湿地保护管理水平,促进了地方湿地保护管理机构建设。根据湿地全面保护的要求,划定并严守湿地生态红线,对湿地实行分级管理,实现湿地总量控制。对国家和地方重要湿地,要通过设立国家公园、湿地自然保护区、湿地公园、水产种质资源保护区、海洋特别保护区等方式加强保护,在生态敏感和脆弱地区加快保护管理体系建设。加强对湿地保护的组织领导和监督检查,提高湿地监测能力建设、湿地宣教培训体系和湿地科研、科技支撑体系。此外,我国的湿地按照其重要程度和生态功能等因素,分为重要湿地和一般湿地。重要湿地包括国家重要湿地和地方重要湿地。重要湿地以外的湿地即为一般湿地。按照湿地的不同级别实行分级管理。

四是加大对湿地保护的资金投入,积极开展对湿地保护的生态补偿试点。一方面,中央持续加大对湿地保护的资金投入。2010 年我国启动湿地保护补贴工作,按照突出重点和分步实施的原则,确定了 20 个国际重要湿地、16 个湿地类型自然保护区和 7 个国家湿地公园的补助范围。[1] "十三五"期间,中央投入 98.7 亿元,比"十二五"期间增加 84.5%。[2] 此外,我国安排中央资金 169 亿元,实施湿地保护项目 3400 多个,新增和修复湿地面积 80 余万公顷。[3] 另一方面,各地加大财政补助力度,逐步将重要湿地纳入生态补偿范围。如,湖南常德市近年来累积投入 390.87 亿元用于湿地保护,使城市"绿色生长"。天津市启动专项资金,对古海岸与国家级湿地自然保护

---

① 《关于 2010 年湿地保护补助工作的实施意见》财农〔2010〕114 号。
② 《全国湿地保护规划(2022—2030 年)》,2 页,2022 年 10 月。
③ 姚亚奇:《我国湿地保护全面进入法治化》,载《光明日报》,2022 - 06 - 02(10)。

区内集体或个人长期委托管理的土地进行经济补偿。山东省对实施退耕（渔）还湿区域内农民给予补偿,并对农民转产转业给予支持。黑龙江省、广东省每年各安排 1000 万元,专项用于湿地生态效益补偿试点。苏州市将重点生态湿地村、水源地村纳入补偿范围,对因保护生态环境造成的经济损失给予补偿。①

五是着力抓好湿地保护修复。为进一步做好湿地保护修复工作,2017年 4 月,国家林业局会同国家发展改革委员会、财政部等相关部门编制了《全国湿地保护"十三五"实施规划》,多措并举增加湿地面积,实施一批湿地保护修复重点工程,主要包括湿地保护工程建设、湿地恢复工程建设和扩大湿地面积工程建设,加强湿地开发利用监管和监测评价。在《全国湿地保护"十三五"实施规划》中,就初步确定了 168 个在湿地范围开展湿地保护与恢复的重大工程项目。例如,内蒙古鄂尔多斯遗鸥国家级自然保护区湿地保护与修复工程、青海可可西里国家级自然保护区湿地保护与修复工程、广西荔浦荔江国家湿地公园湿地保护与恢复工程、广西山口红树林国际重要湿地生态保护建设工程、内蒙古包头黄河国家湿地公园保护与修复建设工程等。《全国湿地保护规划（2022—2030 年）》依据我国国土空间规划和全国湿地的分布特点及现状,制定"三区四带"国家生态保护修复格局,明确了各区域湿地保护修复的主攻任务。例如在黄河重点生态区,湿地生态系统脆弱,该区域的湿地存在水源涵养功能降低,部分干支流流量减少等突出问题,所以在修复时,以增强其生态系统的稳定性为主。

（三）南海湿地

内蒙古自治区河流湿地面积最大的地区为黄河湿地区,其中的南海湿地生态系统在本地区乃至我国西部地区都具有高度的代表性、典型性及较好的生物多样性,是重要的生物资源基因库和保护黄河的自然生态过滤系统,也是包头城区重要的景观区。如前所述,南海湿地总面积约 2992 公顷,由内蒙古南海子湿地自然保护区和包头黄河国家湿地公园南海湖片区两部

---

① 《国务院关于生态补偿机制建设工作情况的报告》,2013 年 4 月 23 日。

分组成。

1. 南海湿地的地质地貌

15亿年前,南海湿地所在地是一片汪洋,由沉积厚达2万余米的海相碎屑及碳酸盐构造。经过各种变质作用,形成一套深变质岩系。古生代早期地壳持续上升,本地区成为内陆。中生代中期,内陆局部下陷,形成山间盆地,陆缘碎屑没于盆地,沉积总厚度达7000余米。随陆缘碎屑沉没的大片森林变质成煤。到新生代,因新构造运动,该区域及周边下陷成盆地,大沉积总厚度为1500米,整个盆地呈北深南浅,西深东浅的不对称形,构造上为封闭的地堑式盆地。

褶皱是地壳运动形成的波状起伏形态。该区域在前寒武纪结晶基地褶皱强烈,多呈紧密线型不对称褶皱,由前寒武系片麻岩、含铁石英岩组成,轴部岩层倾角大于70度,两翼60~70度,属紧密线型褶皱。中生界侏罗系地层多为简单的开阔对称或不对称型褶皱。由侏罗系砂砾岩构成。近槽部岩层倾角10~17度,北翼岩层倾角20~28度,南翼则为40~50度,属不对称向斜。新生界第三系、第四系褶皱地层产状近于水平,仅在保护区所在地断陷盆地周边形成一些山前倾斜平原。又因新构造运动使地壳产生升降运动,破坏了地层的水平,导致湖盆中心明显东移,使黄河河道向南移,地面向黄河谷地倾斜。[①]

南海湿地所在地断裂构造极为发育,断裂方向各异,大小不等,以近东西向、北东向两组为主。本地区地势地貌主要受呼包大断裂、鄂尔多斯盆地北缘大断裂、和林格尔隐伏大断裂的控制。断裂构造的频繁活动,在不同时期均造成大量岩浆侵入,并占基岩面积的百分之二十左右,羽状排列成群出现的各种脉岩发育,侵入岩从超基性至酸性均有出露,以中性居多。[②]

2. 南海湿地的气候情况

南海及周边黄河湿地气候总体特征是:光照充足,降水较少,蒸发剧烈。

---

① 包头市东河区规划委员会:《包头市南海湿地及周边地区总体规划与适度开发区详细规划》,7页。

② 包头市东河区规划委员会:《包头市南海湿地及周边地区总体规划与适度开发区详细规划》,7页。

冬季漫长而严寒,夏季短促而炎热,年、日温差大,春、秋两季气温变化剧烈,春季风大,时遭寒潮侵袭。雨热同季。南海及周边黄河湿地地处半干旱草原地带,为典型的大陆性季风气候。年平均降水量为307.4毫米,降水多集中于夏季,6月至8月平均降水量为250毫米,冬季12月至2月降水量少,仅占全年降水量的1.3%～2.3%。降雪期4—5个月,但降雪日少,约为10天,降雪量亦少,积雪深度在10厘米以下,积雪天数为55～77天,大雪多出现在秋末冬初或冬末春初。

南海及周边黄河湿地年平均气温为8.5℃。全年1月份气温低,平均气温﹣12.7℃;7月份气温高,平均气温在22.2℃。≥5℃的活动积温3278.9℃,持续222天;≥10℃的活动积温3916.6℃,持续176天。全年无霜期148天,早霜期在9月下旬,终霜期在5月中旬。

南海及周边黄河湿地处于季风气候范围,冬夏两季具有明显的风向变化,冬季北风、西北风盛行,夏季偏东南风,春季风向多变且紊乱,秋季偏北、偏西风占优势。平均风速一般为2～4米/秒,大风速达15～17米/秒,特大风可达34米/秒。每年3月份进入风季,到5月份结束。

南海及周边黄河湿地日照充足,光能资源丰富,年平均日照时数在3177小时,日照率为65%,≥10℃的日照时数为1357.4小时,日照率62%,年总辐射量133.82千卡/平方厘米,其中4—9月份占85.39%,全年辐射高期是5月份,月平均辐射量为16.36千卡/平方厘米以上。

南海及周边黄河湿地年平均相对湿度一般在50%以上,春季相对湿度小,平均约为43%,夏季相对湿度大,约为69%,秋季水汽含量下降,温度也在下降,变化较平稳,如10月份的湿度为62%,冬季由于气温低,相对湿度仍较春季高。

南海及周边黄河湿地水面年蒸发量在2342毫米,一年中各地水面蒸发以5、6月大,12月、1月小,8月份蒸发量仍较高,9月份开始下降,11月份显著下降,陆地年平均蒸发量250～350毫米。

3. 南海湿地的水文情况

地表水:南海及周边黄河湿地内的地表水主要来源于黄河水,其次为地下浅层补给水和大气降水。黄河位于该区域南部,流经该区约7.2千米,水

面宽 130～458 米,水深 1.4～9.3 米,平均流速 1.4 米/秒,平均径流量 824
立方米/秒,小流量 48 立方米/秒,大流量 6400 立方米/秒,年平均径流量
259.56 立方米/秒。每年 11 月下旬开始流凌,12 月上旬封冻,冰厚 0.6～
1.2 米,至次年 3 月下旬开河,封冻期 4 个月,封冻期,汽车可履冰而过。开
河时,冰凌常阻塞河道,有时形成危害。南海湖是黄河河段南移后留下的河
迹湖,湖面约 5000 亩,东西长 3.5 千米,南北宽 1.2 千米,湖深 0.8～3 米。
由于上游乌海黄河大坝的修建,黄河包头段流量骤减,凌汛期水位下降,水
由南海湖向黄河侧渗。[1]

地下水:南海及周边黄河湿地地下水资源十分丰富,有供水意义的含水
层分布很广,南海及周边黄河湿地所在的地区地下水主要来源于山麓冲洪
积湖积层承压水,地下水埋深 30～50 米,水质矿化度小于 0.5 克/升的超淡
水,适宜饮用和灌溉。[2]

黄河水系:黄河包头段北岸现有六大支流——哈德门沟、昆都仑河、四
道沙河、二道沙河、东河、阿善沟。其中,二道沙河、东河分别位于南海湖的
两侧。二道沙河是包头市主要的排污、排洪通道,承接九原区、东河区部分
污水处理厂尾水、雨水。东河是黄河一级支流,上游为留宝窑水库,是包头
市的主要排洪通道。此外,包头市因地制宜,连续实施了两期河湖连通工
程,打造包头市中心城区"四湖四库、四纵四横"的水循环和水景观体系。通
过这一连通工程,将大青山生态水、南海湖黄河水和城市再生水引入东河区
北郊截洪沟和花圪台人工湖,流经昆都仑河、四道河、二道沙河和东河汇入
沿黄河湿地。截至 2023 年 8 月底,包头市南海湖水体治理与生态修复项目
主体工程已完成 100%,设施设备已调试完毕并投入试运行。

---

① 毕捷:《内蒙古南海子湿地植物》,10 页,呼和浩特,内蒙古人民出版社,2014。
② 虞炜:《内蒙古南海子海地鸟类》,4 页,北京,中国林业出版社,2017。

二、湿地自然保护区

(一)湿地自然保护区概述

自然保护区是国家通过法律的形式,对具有代表性的自然生态系统、珍稀濒危野生动植物物种的天然集中分布区、有特殊意义的自然遗迹等保护对象所在的陆地、陆地水体或海域,依法划出一定面积给予特殊保护和管理的区域。设立自然保护区是为了保护、研究野生生物资源,拯救濒危物种,保护自然历史遗迹。自然保护区不仅能给生态系统提供天然"本底",是物种的天然"基因库",保护生物的多样性,同时还可以对衡量人类活动引起的后果提供评价依据。建立自然保护区,对恢复和合理地开发利用自然资源、促进科学研究以及发展旅游事业都有重要意义。①

根据《自然保护区条例》第十条的规定,建立自然保护区应当具备如下条件之一:(1)典型的自然地理区域、有代表性的自然生态系统区域以及已经遭受破坏但经保护能够恢复的同类自然生态系统区域;(2)珍稀、濒危野生动植物物种的天然集中分布区域;(3)具有特殊保护价值的海域、海岸、岛屿、湿地、内陆水域、森林、草原和荒漠;(4)具有重大科学文化价值的地质构造、著名溶洞、化石分布区、冰川、火山、温泉等自然遗迹;(5)经国务院或者省、自治区、直辖市人民政府批准,需要予以特殊保护的其他自然区域。

我国的自然保护区分为国家级自然保护区和地方级自然保护区,实行分级管理,其设立必须依法进行,符合设立目的。在国内外具有典型意义、在科学上有重大国际影响或有特殊科学研究价值的自然保护区,可以列为国家级自然保护区。国家级自然保护区以外,在当地具有典型意义和较大影响,具有重要科学研究价值和一定保护价值的自然保护区列为地方级自然保护区。地方级自然保护区一般分为省级、市级和县级。按自然保护区

---

① 辞海编辑委员会:《辞海(第六版缩印本)》,2550 页,上海,上海辞书出版社,2010。

功能进行划分,又可划分为核心区、缓冲区和实验区,不同的区域具有不同功能,实行严格的管理。核心区是自然保护区的根本价值所在,实行最为严格的管理和保护。核心区严禁任何生产建设活动。在核心区的外围划定一定面积的缓冲区,只准从事科学研究活动,禁止在缓冲区开展旅游和生产经营活动,禁止任何生产设施建设。缓冲区外围划为实验区,可以进行科学试验、教学实习、参观考察、旅游以及驯化、繁殖珍惜、濒危野生动植物等活动。

湿地自然保护区是指对适宜喜湿珍稀、濒危野生动植物物种天然集中生存、具有较强生态调节功能的常年或者季节性积水地域,按照法定程序批准,划出一定面积予以保护的区域。根据《湿地保护管理规定》,具备自然保护区建立条件的湿地,应当依法建立湿地自然保护区。对设立为自然保护区的湿地参照我国《自然保护区条例》的规定进行管理。例如,确定管理机构及其职责;与自然保护区一样分级管理;湿地自然保护区所需经费,由自然保护区所在地的县级以上地方人民政府安排;规定在湿地自然保护区内禁止从事的活动等。

在一些地方湿地保护条例中,明确列举了设立湿地自然保护区的条件。例如,《北京市湿地保护条例》第二十一条就规定了应当设立湿地自然保护区的条件,仅限于珍稀濒危野生动植物物种集中分布地、鸟类主要繁殖栖息地或者重要迁徙停歇地等具有生态系统典型性和代表性的湿地。又如,《内蒙古自治区湿地保护条例》第十一条规定,具备下列条件之一的湿地,应当建立湿地自然保护区:(1)生态系统具有代表性的;(2)生物多样性丰富或者珍稀、濒危物种集中分布的;(3)国家和地方重点保护鸟类的繁殖地、越冬地或者重要的迁徙停歇地;(4)具有特殊保护或者科学研究价值的其他湿地。[1]而有一些地方的湿地保护条例并不列举具体的条件,只写参照自然保护区条例执行。例如《江苏省湿地保护条例》第二十三条规定:"具备自然保护区设立条件的湿地,应当依法设立湿地自然保护区。"

如前所述,一方面,湿地具有重要的生态功能,是重要的自然资源;另一方面,由于自然环境的恶化、人类活动的侵占等原因,"地球之肾"——湿地

---

① 《内蒙古自治区湿地保护条例》(2018年修正)第十一条。

逐渐衰竭退化,湿地空间不断减少。因此,国家必须给予专门的保护。通过设立湿地自然保护区,以国家法律作为保护依据,使其获得长期、稳定的修复和保护,是最直接、有效的方式。据统计,截至2017年底,全国共建立各级湿地类型自然保护区602处。①

(二) 包头市南海子湿地自然保护区

南海子湿地自然保护区目前是包头市唯一的省级湿地自然保护区。2000年10月,包头市东河区人民政府同意建立区级南海公园湿地保护区,规定了南海公园湿地保护区的面积和四至范围,核心区为南海湖以南、黄河以北的地域,面积约为1000公顷,其余为缓冲区。② 2001年12月底,内蒙古自治区人民政府同意包头市南海子湿地自然保护区为自治区级自然保护区,要求妥善处理保护区与经济建设和居民生产、生活的关系,加强领导和协调,制定严格的保护措施,逐步增加投入,不断完善自然保护区配套设施。③ 随后,内蒙古自治区人民政府根据包头市人民政府的请示,并根据实际情况,同意调整南海子湿地自然保护区范围和功能区,经过调整,南海子湿地自然保护区总面积由原来的1585公顷增加为1664公顷,增加了核心区和缓冲区面积,减少了实验区面积,使各功能区划更加合理,生态系统功能更加完善。④ 如今的包头市南海子湿地自然保护区是以保护珍稀鸟类及其赖以生存的黄河滩涂湿地生态系统为主的综合性自然保护区,总面积为1664公顷。东至东河槽东岸堤坝,南临黄河北岸,西至二道沙河,北沿旧南绕城公路。核心区位于保护区最南部、紧靠黄河,面积781公顷,占湿地自然保护区总面积的47%,是重点保护区域,大小湖泊

---

① 湿地中国网站:http://www.shidi.org/unit.html,2020年2月28日访问。

② 《包头市东河区人民政府关于对南海公园建立湿地保护区请示的批复》东府发〔2000〕51号。

③ 《内蒙古自治区人民政府关于同意九峰山等9个自然保护区为自治区级自然保护区的批复》内政字〔2001〕385号。

④ 《内蒙古自治区人民政府关于同意调整南海子湿地自然保护区范围和功能区的批复》内政字〔2007〕243号。

错落有致，具有典型的湿地生态特征，期间分布着丰富的野生鸟类和植物资源，珍稀的遗鸥、黑鹳和大天鹅在迁徙途中在此歇息。缓冲区界于核心区和实验区之间，面积255公顷，占湿地自然保护区总面积的15%，区内生长着芦苇和面积不等的红柳、乌柳等。实验区在缓冲区以外，面积628公顷，占湿地自然保护区总面积的38%。该湿地内最大的湖泊南海湖就位于此区域，面积333公顷，水资源充足。[①]

保护区地貌主体为黄河冲积下的平原湿地，是黄河河道南移后留下的河段。由于地壳运动、山体断裂、断陷盆地反复升降运动沉积，黄河包头段所处地区形成了阶梯状地貌，呈现出北高南低，西北向东南倾斜的地貌景观，平均海拔高度为1020米。从景观上，保护区由水域、沼泽、灌丛、草地等多样景观类型组成，其中以水域、沼泽地为主要类型。

三、湿地风景区

（一）湿地风景区

在理解湿地风景区的概念之前，我们先了解旅游风景区和风景名胜区两个概念。旅游风景区是以旅游及其相关活动为主要功能或主要功能之一的空间或地域。根据《旅游景区质量等级的划分与评定（GB/T 17775—2003）》（2005修订）的规定，旅游风景区是指具有参观游览、休闲度假、康乐健身等功能，具备相应旅游服务设施并提供相应旅游服务的独立管理区。该管理区应有统一的经营管理机构和明确的地域范围。包括风景区、文博院馆、寺庙观堂、旅游度假区、自然保护区、主题公园、森林公园、地质公园、游乐园、动物园、植物园及工业、农业、经贸、科教、军事、体育、文化艺术等各类旅游风景区。[②] 根据《风景名胜区条例》的规定，风景名胜区是指具有观赏、文化或者科学价值，自然景观、人文景观比较

---

① 《包头市南海湿地及周边地区总体规划与适度开发区详细规划》，15页。
② 《旅游景区质量等级的划分与评定（GB/T 17775—2003）》（2005修订）第3.1条。

集中，环境优美，可供人们游览或者进行科学、文化活动的区域。设立风景名胜区，应当有利于保护和合理利用风景名胜资源。新设立的风景名胜区与自然保护区不得重合或者交叉；已设立的风景名胜区与自然保护区重合或者交叉的，风景名胜区规划与自然保护区规划应当相协调。

湿地利用是根据湿地资源的不同功能定位和自然条件，采取生态旅游、休闲度假等多种方式进行。湿地具有丰富秀丽的自然风光，区域内一般拥有开阔的水面、丰富的湿地植被和湿地动物等生态景观，经过旅游开发，具备自然观光、娱乐等功能，是人们进行生态旅游、度假、疗养的好地方。湿地风景区属于旅游风景区或风景名胜区中的一类，是以特有的湿地生态系统为生态景观，具有参观旅游、休闲度假、康乐健身等功能的区域。国内有许多重要的旅游风景区都位于湿地区域，很多景点本身就是湿地。例如，国内的滇池、太湖、洱海、西湖等都是著名的风景区。在不影响自然保护区的自然环境和自然资源的前提下，可以组织开展参观、旅游等活动。湿地生态旅游成为湿地旅游的发展方向，根据相关规定，湿地风景区既可以与湿地自然保护区重复或交叉，也可以是独立于自然保护区的独立管理区。

（二）南海湿地风景区

黄河途经包头市辖区220多千米，途经保护区为6.5千米，正好处在"几"字形的大拐弯的突点，这里水道宽阔，水流平缓，给人以海纳百川的意境。南海及周边黄河湿地原本具有丰富的自然景观和野生生物种，其中极具观赏价值的湿地植被、湿地鸟类和自然环境是该湿地的一大特色。良好的自然环境和生物资源，古朴宁静的人文环境，增加了旅游与户外娱乐的吸引力，是进行休闲旅游、运动、垂钓及其他户外游乐活动的理想之地。

南海湿地风景区位于包头市东河区南侧，黄河之滨，是九曲黄河在包头的第二弯，黄河改道南移后，形成的湖泊和河漫滩湿地。景区总面积1664公顷，其中水域面积513公顷，河漫滩湿地面积1000余公顷，交通十分便捷，处于呼—包—鄂旅游圈中心，融城市、黄河、湿地于一体，在草—庙—水—沙—山旅游产品互动中，处于重要地位。南海湿地风景区是包头市重点旅游窗口，包头市政府对南海湿地的发展历来十分重视，早在2003年就列入包头市的四大开发区之一，并列入包头市城市发展规划。南海湿地风景区是集生态休闲、旅游观光和科普宣传为一体的综合性旅游风景区。

从包府发〔1985〕172号《关于保护南海公园风景区的通告》文件的规定可知，当时成立的南海公园是一个自然环境比较优美，服务设施比较齐备，适宜游览、娱乐、休憩、疗养、开展文体活动并盛产鲜鱼的综合性风景旅游区，并且在南海公园风景区划定了专门的保护区域，实行严格保护。从该文件对南海公园风景保护区界限划定的规定可以看出，这一保护区域与后来成立的南海公园湿地保护区是重合的。2007年，内蒙古自治区人民政府下发了内政字〔2007〕243号文件，同意调整南海子湿地自然保护区范围，将原自然保护区中实验区的一部分区域调出保护区范围。现在的南海湿地风景区大部分范围与南海子湿地自然保护区重合，位于南海子湿地自然保护区的实验区，从北向南依次分布着南海湖、二海子和疏林草地，素有"塞外西湖"之美誉。碧波荡漾的南海湖，不仅有15000亩的湿地和200多种野生动植物在这里繁衍生息，而且它是包头市城区内最大、最集中的生态空间。在春季可领略春回大地的自然景色，夏季可作为旅游避暑胜地，秋季可感受草原风光的浑厚豪迈，冬季可进行滑冰、冬泳，还可观赏茫茫雪原和树挂奇观。2001年，南海旅游风景区被国家旅游局评为国家级AAA旅游风景区和省级湿地自然保护区。2007年包头南海公园更名为南海湿地风景区。2008年晋升为国家AAAA级旅游风景区。南海湿地风景区是内蒙古自治区无公害水产品产地、内蒙古十佳旅游景点、包头市野生动物保护科普教育基地。①

南海湿地风景区春夏秋冬都有迷人的"塞外西湖"风光。观南海野鸟图片展馆及以"人在苇中走，雁在空中飞"为代表的十大景点，分别为：时空

---

① 包头市人民政府网站：http://www.baotou.gov.cn/info/1799/17239.htm，2019年11月20日访问。

码头、南海问茶、层帆叠影、双龙吐翠、雁渡苇荡、唐宋遗风、塞外西湖、九色鹿、卵石滩、问鱼台。随着风景区的开发建设，2019 年对原有十大景点进行提升，提出了新的十大景点，分别为：古渡层帆、百花映月、黄金海岸、玫瑰海岸、南堤春晓、雁渡苇荡、长堤经纶、花田月下、水禽泽国、蓬岛观音。另外，南海湿地风景区每年举办南海黄河鲤鱼节、南海湿地风情节、南海冰雪节三大主题系列活动，在草原钢城南海湿地点燃激情之火。

四、湿地公园

（一）湿地公园概述

在保护好湿地生态系统的基础上，可以合理开发利用一定区域内的湿地，建设成为湿地公园，为保护湿地、宣传湿地、开展科学研究等提供空间。设立湿地公园也是保护湿地的一种方式。根据《湿地保护管理规定》第二十条规定，以保护湿地生态系统、合理利用湿地资源、开展湿地宣传教育和科学研究为目的，并可供开展生态旅游等活动的湿地，可以设立湿地公园。《江苏省湿地保护条例》第二十四条规定：生态特征典型、自然景观独特，适宜开展生态展示、科普教育、生态旅游等活动的湿地，可以设立湿地公园。

从国家和地方的条例规定可以看出，湿地公园设立的目的有四个方面：一是为了保护湿地生态系统；二是为了合理利用湿地资源；三是开展湿地宣传教育；四是开展科学研究。我国湿地公园按等级可分为国家湿地公园和地方湿地公园两大类。截至 2022 年 3 月，全国共建立湿地公园1600 多处，其中国家湿地公园 899 处。①

国家湿地公园是指以保护湿地生态系统、合理利用湿地资源、开展湿地宣传教育和科学研究为目的，经国家林业局批准设立，按照有关规定予以保护和管理的特定区域。为了加强国家湿地公园的建设和管理，促进国

---

① 数据采自全国绿化委员会《2021 年中国国土绿化状况公报》。

家湿地公园健康发展，有效保护湿地资源，2017 年 12 月 27 日，国家林业局颁布了《国家湿地公园管理办法》，并于 2018 年 1 月 1 日开始施行，对国家湿地公园的管理做了详细的规定。国家湿地公园是自然保护体系的重要组成部分，属于社会公益事业。县级以上林业主管部门负责国家湿地公园的指导、监督和管理。国家湿地公园范围不得与自然保护区、森林公园重叠或交叉。

符合以下条件的，可以申请设立国家湿地公园：①湿地生态系统在全国或者区域范围内具有典型性，或者湿地区域生态地位重要，或者湿地主体生态功能具有典型示范性，或者湿地生物多样性丰富，或者集中分布有珍贵、濒危的野生生物物种；②具有重要或者特殊科学研究、宣传教育和文化价值；③成为省级湿地公园两年以上（含两年）；④保护管理机构和制度健全；⑤省级湿地公园总体规划实施良好；⑥土地权属清晰，相关权利主体同意作为国家湿地公园；⑦湿地保护、科研监测、科普宣传教育等工作取得显著成效。国家湿地公园的湿地面积原则上不低于 100 公顷，湿地率不低于 30%。

国家湿地公园应划定保育区。根据自然条件和管理需要，可划分恢复重建区、合理利用区，实行分区管理。保育区除开展保护、监测、科学研究等必需的保护管理活动外，不得进行任何与湿地生态系统保护和管理无关的其他活动。恢复重建区应当开展培育和恢复湿地的相关活动。合理利用区应当开展以生态展示、科普教育为主的宣教活动，可开展不损害湿地生态系统功能的生态体验及管理服务等活动。保育区、恢复重建区的面积之和及其湿地面积之和应分别大于湿地公园总面积、湿地公园湿地总面积的 60%。①

地方湿地公园的设立和管理，按照地方有关规定办理。各地可根据自己的实际情况决定地方湿地公园的具体分级。地方在湿地公园分级方面主要有以下两种形式：一是分为国家、省、市、县四级，例如《咸阳市湿地公园保护管理条例》第十二条规定："湿地公园分为国家湿地公园、省级

---

① 《国家湿地公园管理办法》第十一条。

湿地公园、市级湿地公园和县级湿地公园。"二是分为国家、省、市三级，例如《南京市湿地保护条例》第十八条规定："湿地公园分为国家湿地公园、省级湿地公园和市级湿地公园。"各地的湿地立法一般只对本级湿地公园的具体事项进行规定。多数地方的市级湿地公园的规模不低于15公顷，县级湿地公园不低于10公顷。采取分区管理的地方湿地公园，可以根据湿地的主要功能，划分为湿地保育区、恢复重建区、生态功能展示区、合理利用区、管理服务区等。

（二）包头黄河国家湿地公园南海湖片区

包头黄河国家湿地公园位于包头市南侧，黄河北岸，总面积12222公顷，自西向东由昭君岛、小白河、南海湖、共中海、敕勒川五个片区组成，分别以滩、水、园、泽、岛为建设主题。包头黄河国家湿地公园具有典型、独特的生态系统，位于我国西北干旱—半干旱区，黄河流域中上游，海拔千米以上，气候干燥，冬季严寒漫长，属于典型的高纬度内陆湿地生态系统，包括河流湿地、沼泽湿地、湖泊湿地等多种湿地类型。湿地地处河套—土默川平原之上，地势平坦，河道弯曲，流速缓慢，每年3月下旬受到黄河凌汛期洪水淹没，形成洪泛平原湿地；又由于黄河河道迁徙摆动，形成大量河成湖、迂回扇和沙洲，具备完整的河流湿地结构组成，是典型的、自然的河流湿地生态系统，在古北界蒙新区具有重要的代表性。[①] 公园内湿地类型有永久性河流湿地、湖泊湿地、洪泛湿地、库塘湿地、草本沼泽。园区内野生动植物资源丰富，有维管植物133种，分为灌丛、草原、草甸、沼泽、草塘等5个主要植被类型。有脊椎动物265种，其中，国家重点保护鸟类26种，黄河特有鱼类3种。经过多年试点建设，2016年8月，包头黄河国家湿地公园通过国家林业局的验收，成为包头市首个国家湿地公园，并且是中国最大的严寒高纬度国家湿地公园。

---

① 《包头黄河国家湿地公园概况》，载包头黄河国家湿地公园网站，http://btsdgy. shidi. org/coohome/coserver. aspx？uid＝218A4E539DDA434DBE2C41B3872493E5&sid＝26241&clid＝24C2C8279F0A4122879CD9E4A34BC586&t＝17，2019年10月20日访问。

包头黄河国家湿地公园南海湖片区属于包头黄河湿地公园的一个组成部分，与南海子湿地自然保护区一起组成了南海湿地，是黄河沿岸生态系统的缩影。由南海湿地管理处共同管理。包头黄河国家湿地公园南海湖片区位于包头市东河区，因此也被称为包头黄河国家湿地公园（东河片区）。其西起南海子保护区东边界、南至黄河中心线、东至章盖营子村西边现状乡间路、北界分别为防洪大堤和现状水域边界，总面积1328公顷，其中堤南面积1022公顷，堤北面积306公顷。共分五个功能区，分别为保育区（413公顷）、合理利用区（175公顷）、恢复重建区（643公顷）、宣教展示区（91公顷）、管理服务区（6公顷）。

为了保护和管理湿地公园，包头市林业和草原局制定了《包头黄河国家湿地公园保护建设实施方案》，实施昭君岛、小白河、南海湖、敕勒川、共中海湿地保护与恢复工程等九项工程，推进包头黄河国家湿地公园"五片区"建设，提升沿黄湿地生态功能。2011年成立了包头黄河国家湿地公园管理处，根据属地管理原则，管理处下设4个管理站，分别是九原区、稀土高新区、东河区、土右旗管理站。2014年8月，根据东河区机构编制委员会（东编委发〔2014〕15号）文件精神，包头市南海公园管理处更名为包头市南海湿地管理处，增挂包头黄河国家湿地公园东河区管理站牌子。虽然南海子湿地自然保护区和黄河国家湿地公园南海湖片区均由南海湿地管理处统一管理，但是各自分区规范与标准界定并不一致。近年来，通过开展湿地巡护、保育区围封抚育、河道综合治理、退耕还湿、退渔还湿等湿地保护与恢复工程，沿黄湿地水质较往年明显改善，栖息动物和过境候鸟明显增多，周边植物也在逐步恢复。

五、湿地、湿地自然保护区、湿地风景区、湿地公园的联系与区别

湿地、湿地自然保护区、湿地风景区、湿地公园这四个概念既有联系又有区别。它们的联系体现在以下几个方面：

第一，湿地是基础。湿地是一种特有的生态系统，湿地自然保护区、

湿地风景区、湿地公园都是建立在湿地这一生态系统的基础之上。湿地自然保护区、湿地公园都是湿地保护体系的一部分，都属于湿地保护地，它们都是保护湿地的具体方式。

第二，湿地风景区与湿地公园在目的方面具有相似性。湿地公园的目的是发挥湿地的多种功能效益、开展湿地的合理利用，区别于需要严格保护的湿地自然保护区。在保护湿地的前提下，可以在湿地自然保护区一定区域范围内设立湿地风景区，对湿地特有的生态系统加以开发利用，发展旅游业，为人类提供优美的湿地景观，体验户外活动，亲近自然，进行湿地生态科普，发挥湿地的人文生态功能。在湿地公园的合理利用区，也可开展不损害湿地生态系统功能的湿地生态旅游等活动。因此，湿地风景区和湿地公园在发挥湿地的作用方面有一定的相似性。

第三，湿地、湿地自然保护区、湿地风景区、湿地公园的开发利用都应该实行科学规划、统一管理、严格保护、永续利用的原则。

它们的区别主要体现在以下几个方面：

一是湿地自然保护区与湿地公园的分区规范和标准界定不同。自然保护区分为核心区、缓冲区和实验区。湿地公园可以分为保育区、恢复重建区、宣教展示区和合理利用区等区域。二者对其不同的区域管理适用不同的规定。

二是湿地风景区、湿地自然保护区和湿地公园的范围关系不同。根据《风景名胜区条例》的规定，新设立的风景名胜区与自然保护区不得重合或者交叉；已设立的风景名胜区与自然保护区重合或者交叉的，风景名胜区规划与自然保护区规划应当相协调。湿地风景区有可能与湿地自然保护区重复或交叉，也可以是独立于自然保护区的独立管理区。国家湿地公园范围与自然保护区、森林公园不得重叠或者交叉。

南海湿地拥有独特的自然景观和野生动植物资源，是我国黄河流域保存较好的省级湿地自然保护区和国家 AAAA 级旅游风景区。南海湿地风景区处于南海子湿地自然保护区的实验区，景区的部分区域独立于南海子湿地自然保护区，如景区的入口广场、停车场、游乐场等不在自然保护区范围内。

第二节　南海湿地风景区的历史①

南海湿地风景区有着悠久的历史，对包头的发展发挥着重要的作用。

一、新中国成立前"水运码头"的历史

现在的南海湿地风景区，与昔日的南海子码头、南海子、南海子村有着密切的联系。老包头素有"水旱码头"之称，其中水码头就是指南海子码头。据史料记载，康熙年间，由于黄河河道南移，在今包头市东河区东南约 5 千米的黄河北岸低洼处留下一片四五百亩的海子（海子，即湖），海子水面浩瀚，蒲苇丛生，鱼蛙群集，灌木漫边。由于这里的黄河河道离市区近，河面平坦宽广，便于船筏货物装卸，便逐渐形成航运吞吐口岸。从各地跑来经商拉脚、摆渡等谋生的人，便陆续定居下来。

1667 年春，由大同总兵刘健领衔，本地总领陈天民主持，广筹钱财，结义建庙，在海子北端建起一座气势雄伟的庙宇，以求驱灾避难，保佑摆渡和水运不发生事故。此庙建成后，因其在包头城南，顺口叫起"南海子"来，周边的黄河渡口称为南海子渡口，迄今已有 350 多年的历史。

康熙三十一年（1692 年），陆河要隘之处设驿站和官渡，南海子是当时包头萨县设置的 4 个官渡之一。自此，南海子的名称正式出现在官方的文件中。道光三十年（1850 年），黄河改道，原托克托城南河口镇被水淹没，官渡改至南海子渡口。至此，包头南海子形成码头，成为黄河中上游的水运枢纽和皮毛集散地。老包头在西北地区的经济地位发生了重大的变化，曾有"皮毛一动百业兴"的历史传说，老包头也因此被称为"水旱码头"。经济地位的变化，使南海子码头扬名天下。水运最繁华的时候有"千帆竞渡""船筏林立"的景象。民国初年，南海子码头进入繁盛时期，

---

① 参照虞炜主编：《湿地南海》，42～49 页，北京，中国林业出版社，2015。

上溯兰州 1330 千米，下航山西河曲 200 千米。每年在航行期间有民船 800余只，有皮筏 300 余只，最多时船筏达到 2000 余只。此后，随着黄河多次改道，黄河渡口也在南海子一带不断迁移。光绪三十三年（1907 年），南海子码头被河水淘刷塌毁，官渡移至南海子西面约 3 千米的王大汉营子村。除了王大汉营子官渡外，黄河包头段沿河有 14 处渡口，南海子仍是一渡口。宣统三年（1911 年），官渡又移回南海子。1926 年移至二里半，1949 年渡口又移至大树湾一带。现在的南海湖就是由于当时的黄河改道南移后留下的湖泊。

二、1958—1985 年发展渔业生产时期

新中国成立后，为了解决市民的食品问题，在包头市政府的领导下，1958 年在南海湖成立了包头市鱼种站，修筑了南海湖南坝，将南海湖与黄河彻底分开，并设进水口和出水口，实现南海湖水的更换，保证水质。从1958 年到 1960 年，包头市鱼种站共建设标准鱼种池约 40 个，主要进行亲鱼培育和鱼种养殖，当年生产的鱼种就已经实现了内蒙古地区黄河鲤鱼鱼种的全覆盖，甚至销往宁夏、甘肃、北京等地，成为内蒙古地区著名的鱼种基地。其中的南海湖主要用于成鱼养殖，南海湖养殖的鲤鱼与其他鱼种相比，由于其金鳞赤尾，被誉为"南海黄河金翅"大鲤鱼，誉满区内外。

三、1985—2004 年以旅游业为主、渔业为辅的发展时期

20 世纪 80 年代，南海湖水被城区排水污染，湖区靠近城市近郊又邻近村庄，城市垃圾在湿地乱堆乱放，坟墓沿湿地乱埋，原有湖区堤岸由于每年冰冻胀裂，在解冻时期对堤岸产生较大的破坏，沿湖种植的树木也由于缺乏管理，病虫害严重，大量死亡。湖侧湿地土地被任意挖取开砖厂等无序占用湿地的现象层出不穷。由于当时的条件所限和管理措施不完善，南海湖受到污染，生态环境逐步恶化。针对这种情况，1985 年 5 月 8 日，包头市委、市政府联合发文，把南海湖正式命名为南海公园。同年 8 月，

包头市人民政府作出了"拯救南海，建设南海"的决定，在东河区二里半村原渔场周围约 2000 公顷范围内，逐步开发建设南海公园，为各族人民创建一个自然环境比较优美、服务设施比较齐备，适宜游览、娱乐、休憩、疗养、开展文体活动，并盛产鲜鱼的综合性旅游风景区。同年 9 月下达了包头市人民政府 172 号《关于保护南海公园风景区的通告》，划定了南海公园风景保护区界限，明确了保护区土地权属。南海建设初期，结合南海的现状，坚持以旅游业为主、渔业为辅，边规划、边建设、边开发的原则，形成以水上活动为主的公园。

南海公园在建设前，人们到南海湖多以捕鱼、钓鱼为休闲娱乐活动。在建设南海公园时，专门划定了垂钓区域，组织钓鱼比赛，丰富了文化活动。为了增加南海湖湖中风景区，管理部门决定建湖中小岛。1985 年末到 1986 年初，管理部门发动包头市青年志愿者，拉运 3000 立方米石头，3 万立方米土，用 28 天在南海湖人工修建了一座湖心岛，因此也叫人工岛。

1986 年 5 月 1 日南海公园正式开园，开放旅游。当时南海公园共有两艘大船，15 艘电瓶船，31 条手划船，当年收入达到 3.1 万元。1989 年南海公园做了发展控制性的总体规划，并按照规划进行了局部建设，清理了沿湖的一些坟墓，治理了污水，修建了环湖路，维修了湖岸，增加了服务设施，开辟了娱乐场等。

1993 年成立南海旅游开发区，拉开了开发建设南海旅游区的序幕。加强了规划范围内的环境保护管理和南海湖四周堤坝加固工程，扩建了二道坝工程，增加了水面用地 180 公顷（2700 亩），加强对自然树木的种植养护管理，增设了服务设施，充实了餐饮行业，增设了娱乐游船和陆地娱乐活动。扩大了精养鱼塘，引进新鱼种供应市场，建成网围栏 4 千米，利用旧城的拆迁废土加宽了环湖路，运进土方 2 万立方米，为防洪以及沿湖增设旅游景点、植被绿化提供了良好的条件，基本形成了旅游、养殖、餐饮、娱乐为一体的开发格局。2001 年南海公园被评定为国家级 AAA 级风景区和省级湿地自然保护区。

四、"11·21"空难后南海跨越式发展时期

2004 年 11 月 21 日，中国东方航空云南公司从包头飞往上海的 MU5210 航班，在包头机场起飞后不久发生爆炸，坠机掉入南海湖中，使南海湖遭受了严重污染。空难发生后，南海湖污染逐渐由水面向底泥扩散，由局部向整个湖面蔓延。南海公园管理处委托中国环境科学院对南海湖进行了环境影响评价，报告认为东方航空公司的空难事故造成南海公园水系严重污染，生态系统遭受严重破坏，总体水质恶化。南海公园的旅游业、渔业生产受到毁灭性打击，南海公园为此被迫全面停业。2006 年 9 月 29 日，内蒙古自治区环保局组织专家组对南海湖治理方案做出的最终评审意见，双方达成一致，南海公园总计获赔 3274 万元，其中直接财产损失 338 万元，营业中断损失 496 万元，恢复营业损失 300 万元，水污染治理费用 2140 万元，同时包头市东河区区委、区政府高度重视南海公园的发展，对南海公园进行了科学规划，共投入约 3.2 亿元建设资金，努力把南海公园打造成呼、包、鄂经济带上一颗璀璨的明珠。

一方面，对南海湿地进行环境综合治理。从南海湖水污染治理、加大南海湖综合治理力度、依法打击破坏湿地行为、兴建鸟岛等方面着手。根据南海湖最终确定的治理方案，从 2006 年开始，南海公园实施了底泥疏浚、换水、生态修复等措施，同时切断了流入南海湖的污染水源，防止城市污水流入南海湖。经过十几年的治理，南海水质得到了明显改善，南海水质由劣五类水变为五类水质，局部变为四类水质。2007 年包头市政府下发了关于清理整顿黄河湿地周边环境的通告。从切断污染源、清理煤场和清理垃圾场三个方面加强综合治理。2008 年开始清理整顿，下大力气清理了黄河湿地内的砖厂和破坏湿地的违章建筑，清理湿地废品、建筑垃圾，加强湿地生态功能，营造湿地景观。2010 年减少黄河湿地生态修复工程，将 2000 亩农民开垦的土地修复为湿地，并在该区域修建 9 个鸟岛。通过系列修复，南海湿地明水面积扩大，在原有南海湖 5000 亩水面的基础上，增加了二海子 2700 亩水面，蓄滞洪区 1000 亩水面，修复区 2000 亩水面，总

水面达到 10700 亩。湖泊面积由过去的 333 公顷增加至 713 公顷,成为包头市内的万亩湖泊。依据《包头市南海子湿地自然保护区条例》对湿地内乱垦乱建、放牧、猎捕候鸟、捡拾鸟蛋、肆意排污等违法行为进行打击,加强对湿地的保护工作。聘请鸟类专家做顾问,在南海湿地营造遗鸥、黑鹳等珍稀濒危物种生境,兴建鸟岛,并开展与保护鸟类相关的课题研究。通过十几年的建设,南海湿地的鸟类由过去的 77 种增至 232 种。

另一方面,南海湿地管理处加大对旅游风景区的改造建设。东河区委、区政府按照"五大特色经济区域"战略规划,建设以南海湖为中心的生态观光及休闲娱乐度假区。先后聘请了德国、西班牙以及国内知名规划专家,对南海湖生态旅游区进行规划。坚持以水为主题,开发与保护并重的原则,拉开了重建南海湿地风景区的序幕。新建的南海湿地风景区挖掘包头市以及南海湿地深厚的文化底蕴,凸显黄河故道、文化发祥、钢城、草原文化共生的多元文化,体现人与自然共生的理念,传承包头文化脉络,塑造现代精神,构建了景区十大景点。围绕南海湖的 5000 亩水面,进行了堤坝加固,修建了环湖道路和景观工程,总投资 3.2 亿元。完成了 8.7 千米的环湖路和水产路的建设、堤坝加固及两侧亮化、美化、硬化、绿化工程以及占地 5.9 万平方米的北入口广场、风景区与道路连接工程及环湖景观建设工程。经过三年的建设,2007 年,一个功能齐全、设施完善、风景怡人、生态优美、崭新的南海湿地风景区展现在包头市民面前。2008 年,南海湿地风景区晋升为国家 AAAA 级旅游风景区,同年被内蒙古自治区批准为省级黄河湿地保护区。

在空难后,经过十几年的治理,南海湿地风景区得到跨越式的发展。根据《包头市南海湿地及周边地区总体规划与适度开发区详细规划》,未来一段时间,将以包头南海湿地公园及周边生态区域为景观资源主体,以生态保护与生态恢复功能为核心,努力打造城湖一体,乡野谐趣,人鸟与共的塞外湿地天堂。南海湿地风景区将以国家级湿地公园与自然保护区为基点,以守护黄河半荒漠地区湿地生境与国际濒危物种为职责,以承载包头市建城起源与民族融合的文化记忆为灵魂,协调周边城乡生态与经济建设的可持续发展,最终引领南海湿地成为包头市生态升级的东部地标与国际名片。

第三节　政府对湿地风景区建设的贡献

一直以来，包头市政府、东河区政府高度重视南海湿地风景区的建设和发展。主要从以下几个方面对南海湿地风景区的建设保驾护航。

一、确定政府对湿地保护工作的领导地位

湿地保护是一项生态公益事业，政府应当加强对湿地保护工作的领导。通过立法明确了包头市人民政府、东河区人民政府对湿地保护区工作的领导地位。①《包头市南海子湿地自然保护区条例》明确规定包头市人民政府、湿地保护区所在地人民政府应当加强对湿地保护工作的领导。2006年以来东河区政府在区长会议上多次就南海湿地的建设问题进行研究部署。例如，协调南海生态保护工程配套项目建设事宜、听取南海湿地风景区建设汇报并对下一步南海公园建设工作做安排部署、对组建包头市东河区南海景区经营开发有限公司做出安排部署、研究部署南海湿地蓄滞洪区的建设工作、听取推进南海婚博园项目建设报告等。在"十一五"规划期间，实施了东河槽改造治理、南海湿地修复等生态建设项目。2009年10月31日召开了加强湿地保护工作会议，出台了《包头市人民政府关于加强湿地保护工作的决定》，成立了包头市湿地保护工作领导小组。采取有力措施，严肃查处各类破坏湿地的违法案件和行为，对违法占用、开垦、填埋以及污染自然湿地的行为进行清查，拆除砖窑、乱搭、乱建等违章建筑，依法保护好湿地资源，同时正在积极筹措资金，保证黄河湿地生态保护工程整体顺利进行。

政府加强对湿地保护规划、编制、实施及湿地保护政策的研究制定，推动湿地保护与开发公共平台的建设，加大湿地产业扶持力度。在政府的

---

① 《包头市南海子湿地自然保护区条例》第五条。

领导下，建立和完善湿地保护体系，建立健全湿地保护与利用管理机制。例如，成立了包头市湿地保护管理中心，依据有关法律、法规负责本市森林资源管理工作，建立健全森林资源调查研究和监测体系、林政监督管理；规划和组织协调森林资源建设、开发、利用工作；开展野生动植物的保护、管理与救助工作；围封禁牧监督检查、组织协调和宣传教育工作；组织、协调、指导全市湿地保护管理工作，拟制湿地保护技术标准和规范，开展湿地资源调查、动态监测和统计，设立并管理湿地自然保护区、湿地公园、湿地保护小区；负责全市在履行国际湿地公约方面的履约工作；开展湿地保护对外合作与交流。

二、科学规划南海湿地发展

县级以上人民政府要根据上一级人民政府的环境保护规划要求对本行政区域内的环境保护工作进行总体部署，这就是地方环境保护规划。湿地保护规划属于其中的一种专项规划，是对湿地保护工作作出的总体安排，应当纳入本级政府国民经济和社会发展规划中。湿地保护规划的内容包括湿地资源分布情况、类型及特点，水资源、野生生物资源状况；保护和利用的指导思想、原则、目标和任务；湿地生态保护重点建设项目与建设布局；投资估算和效益分析；保障措施。湿地保护规划应当符合土地利用总体规划、城乡规划、环境保护规划，并与水资源、防洪、水土保持、林地保护利用、旅游发展等专项规划相互协调。地方湿地保护规划经报同级人民政府或其授权的部门批准，必须严格执行。根据《包头市湿地保护条例》的规定，市林业主管部门应当会同市发展和改革、规划、国土资源、城乡建设、水务、农牧业、环保等部门，依据自治区湿地保护规划，编制全市湿地保护规划，由市人民政府批准并报自治区人民政府备案后组织实施。旗县区人民政府林业主管部门应当会同有关部门，依据市湿地保护规划，编制本区域湿地保护规划，由旗县区人民政府批准并报市人民政府备案后组织实施。

在开发利用湿地资源方面，加强湿地旅游规划和资源管理。将旅游发展规划纳入全市国民经济和社会发展规划。在做规划时应当统筹考虑旅游业发展需要，并与旅游发展规划相协调。各旅游景区开发规划要坚持高起点、高标准、高水平的原则，充分体现前瞻性和科学性，旅游管理部门建立规划审批和监督制度，防止盲目开发和低水平、重复建设。2019 年，包头市挖掘历史生态文化资源，策划和实施重大文化旅游项目 31 个，项目总投资 160 亿元，涵盖文化与旅游、文化与休闲等相关产业融合项目。南海湿地风情街项目就属于其中之一，已于 2019 年年底前建成运营，大大提升了包头市文化旅游规模实力和城市旅游形象。

利用湿地资源，应当符合湿地保护规划，不得改变湿地生态系统基本功能，不得超出资源的再生能力或者给野生动植物物种造成永久性损害，不得破坏野生动物的栖息环境。湿地主管部门或者湿地管理机构应当对湿地自然保护区实验区和湿地公园内的旅游、餐饮、住宿、娱乐等商业服务网点进行统一规划、合理布局，并根据保护生态资源、人文历史风貌以及公共安全、环境卫生的需要，对商业服务网点的经营方式、种类、时间、地点等内容作出规定。

近年来，包头市政府科学规划南海湿地的保护与利用，明确了"美丽湿地、休闲南海"的定位，确定了以湿地保护为主线，休闲为主题的文化旅游、生态养殖、环保水务、休闲体育等发展思路和与之相配套的规划体系，共绘生态文明的美丽画卷。为南海湿地的保护和开发指明了方向——按照湿地保护规划利用湿地资源，维护湿地资源的可持续利用，不得改变湿地生态系统基本功能，不得超出湿地资源的再生能力或者损害野生动植物物种，不得破坏野生动物的栖息环境。

三、科学开展湿地综合治理和修复，恢复湿地生产力

加快南海湿地保护的治理进程。为了进一步推动湿地保护与开发，包头市出台了《包头黄河国家湿地公园保护建设实施意见》《包头市人民政府关于进一步加快旅游业发展的实施意见》《包头市文化产业中长期发展规划(2014—2020)》《包头市文化产业发展三年行动计划（2018—2020）》《包头

黄河国家湿地公园保护建设实施方案》《包头市文明旅游管理办法》《包头市沿黄旅游发展规划》等文件，为湿地保护的治理提供了法规、政策保障，提出了具体的治理时间安排。

根据《包头市关于全面加强生态环境保护坚决打好污染防治攻坚战的实施意见》，政府及相关职能部门将加快推进湿地保护与恢复，坚持自然恢复与人工修复相结合的方式，采取退耕还湿、植被恢复等措施，修复已退化的湿地生态系统，恢复湿地生态功能。加快包头黄河国家湿地公园建设，重点打造小白河、南海子、昭君岛等旅游风景区，推进黄河湿地科研定位研究站、湿地派出所等基础设施建设。鼓励和引导社会资本发展黄河湿地旅游，建成一批具有地方特色的黄河湿地旅游景区，促进保护与科研、宣教、生态旅游等相结合。加强湿地水质监测，加强湿地生物多样性保护，严厉打击各类破坏湿地行为，探索开展湿地生态效益补偿，保护湿地水资源安全。例如，2019 年包头市实施了小白河生态治理、南海子生态修复、湿地补助等工程项目，且对湿地开展了水文、气象、土壤和野生动植物综合监测，利用汛期对沿黄湿地进行了补水，包头黄河国家湿地公园"五片区"建设进一步加快。

东河区政府牢固树立"绿水青山就是金山银山"的理念，以生态文明建设引领经济社会发展，严格落实生态保护红线、永久基本农田、城镇开发边界三条控制线。重点抓好黄河东河段、南海湖、白银湖等 30 条河湖库水生态保护治理工作。倡导简约适度、绿色低碳的生活方式，反对奢侈浪费和不合理消费，开展创建节约型机关、绿色家庭、绿色学校、绿色社区和绿色出行等行动。在湿地内开展旅游活动的，应当按照湿地生态旅游规划进行。湿地主管部门或者湿地管理机构应当根据湿地承载能力和对资源的监测评估结果，确定资源利用强度和游客最大承载量并予以公布。

加快湿地监控指挥中心建设，进一步改善南海湿地生态环境。2018 年《包头市城市绿线划定》，确定了各类绿地控制线和南海湖、小白河等重点生态保护区域的生态控制线，对各类绿地实行了定边、定界、定标，为保护和修复"山、水、林、田、湖、草"等重要的城市生态资源奠定了基础。十几年前，南海湿地由于受到污染，湿地面积萎缩，生物多样性减少。为了解决环境问题，东河区持续不断做绿色"运算"，系统谋划，只增绿，不减绿。湿地水清了，鸟和植物也多了，呈现出湖中碧波荡漾，湖滨水草丰美，天空鸥鸟翱翔，风景一枝独秀的迷人景象。

四、保障湿地保护资金的投入

将湿地保护规划纳入国民经济和社会发展计划，将湿地保护的资金列入财政预算。市和旗县区人民政府应当保障用于湿地保护的资金投入，将湿地保护资金列入同级财政预算。包头市人民政府对南海湿地各建设项目给予投资资金的支持。早期，东河区人民政府每年投入 500 万元基本经费用于南海湿地的保护。自 2005 年始，东河区政府先后投资 4.2 亿元开展了一系列的湿地综合整治和修复工作。东河区政府自 2016 年始，每年投入 800 万元用于南海湿地办公和人员的各项支出。此外，还有各类专项经费、投资经费用于南海湿地的建设。例如，2013 年，包头市人民政府就投入了 100 万元作为鸟类图片馆的发展资金。2016 年，东河区政府在南海湿地开展了包头市南海旅游风景区基础设施建设项目，目前已完成一期、二期的项目建设，完成投资 8000 万元。《2019 年包头市国民经济和社会发展计划》中就明确规定了支持南海湿地生态修复工程。经南海湿地管理处积极争取，国家林业局、内蒙古自治区林业厅、内蒙古自治区住建厅、内蒙古自治区旅游局、包头市环保局、包头市科技局、包头市生态湿地保护中心等部门近年来相继拨款共计 3400 余万元用于保护区的保护建设、科研等工作。如自治区林业厅的"2015 年湿地保护政府奖励资金" 500 万元，"2016 年湿地保护补助资金" 300 万元等。

此外，政府还加大旅游景区建设扶持力度。包头市政府每年确定当年重点旅游景区建设项目，支持景区基础设施建设，对旅游景区建设进行扶持补贴和贷款贴息。对当年完成投资的景区项目进行奖补；对评定为国家 AAAA 级旅游景区给予 100 万元扶持资金；对用于景区开发建设贷款额在 500 万元以上的，列入年度贴息补贴范围；对列入全市建设的旅游景区开发项目，立项时要简化环评、能评、洪评、维稳评价等手续。加大财政金融支持。市财政每年安排旅游发展专项资金，重点用于旅游项目建设、旅游基础配套设施建设、旅游市场促销、贷款贴息、奖励扶持等。南海湿地风景区属于包头市的一张城市名片，政府对景区的建设也加大了扶持力度。例如，自2017年下半年始，每月投入50万元用于南海湿地风景区门票的免费开放补贴，合计每年投入600万元。

五、加强湿地保护的宣传教育工作

地方各级政府有加强湿地保护宣传教育和培训的义务。县级以上人民政府林业主管部门及有关湿地保护管理机构应当加强湿地保护宣传教育和培训，结合世界湿地日、世界野生动植物日、爱鸟周和保护野生动物宣传月等开展宣传教育活动，提高公众湿地保护意识。

包头市政府、东河区政府积极履行加强湿地保护的宣传教育工作。其中，包头市相关部门在南海湿地多次举办"世界湿地日""爱鸟周""科技周""科普日"等活动。例如，2016年4月2日，包头市第6届"野生动物回归大自然"和第35届"爱鸟周"鸟类放飞科普宣传活动在南海湿地举行，此次活动加大野生动物保护宣传力度，发动社会共同保护野生动物资源，让野生动物保护工作持续向前发展。此外，在每年的国际湿地日包头市相关部门也开展了相应的宣传教育活动。如，2018年2月2日，由包头市林业局、包头市科协、东河区人民政府主办的纪念第22届世界湿地日——"湿地——城镇可持续发展的未来"主题活动在南海湿地举行。通过各项保护湿地的宣传教育活动，加深公众对湿地的了解，提高公众保护湿地的意识，营造热爱湿地、关心湿地、保护湿地的良好社会氛围，从而促使公众自觉主动保护湿地，遵守湿地保护的法规，不实施随意侵占湿地、伤害野生动植物等违法行为，进而保护南海湿地。

六、明确各部门的职责

湿地保护是跨部门、多学科、综合性的系统工程，需要多部门共同行动。各级人民政府应当建立健全湿地保护与合理利用管理协调机制，加强对湿地保护工作的领导。全国已形成了林业和草原部门牵头组织协调、各有关部门协同配合的湿地保护管理体制，确保了湿地保护管理工程的顺利开展。为了有效推进对南海湿地的保护，避免多部门的相互推诿，包头市通过立法明确了各有关部门的职责，并规定各部门各司其职的同时又互相协作。《包头市南海子湿地自然保护区条例》第六条做出了详细的规定。包头市林业和草原行政主管部门负责湿地保护的组织和协调工作。其主要职责是组织协调有关部门和南海子湿地保护区管理机构依法履行对湿地保护与管理的职责，组织查处破坏、侵占湿地的违法行为，监督湿地保护有关法律、法规的贯彻执行。南海子湿地保护区管理机构负责湿地保护区的日常管理工作，其主要职责是：贯彻执行有关湿地保护的法律、法规和方针政策；组织实施保护规划；制定、实施湿地保护管理制度；实施环节监测，建立、更新湿地资源信息档案；做好湿地保护区内的防灾害、防污染的预防应急工作；负责设置和管理湿地保护区界标；在不影响保护自然环境和自然资源的前提下，在湿地保护区的实验区内组织开展参观、游览和其他活动；建立湿地科普教育基地，普及湿地保护知识；维护管理秩序，依法保护湿地内的一切自然景观、水体、野生动物、公共设施等，查处纠正违法行为。市生态环境、规划、国土资源、建设、发改委、公安、农牧业、水利、旅游等有关行政管理部门应当在各自职责范围内，做好湿地的保护管理工作。

七、加强对景区的监督，保障旅游安全

湿地主管部门或者湿地管理机构应当组织协调湿地内旅游配套设施的建设，为游客进入湿地参观游览创造便利条件。

一方面，加强对南海湿地景区旅游市场的监管，优化全域旅游市场环境。成立了包头市旅游综合行政执法局，加强旅游市场综合执法，建立了旅游、公安、工商、消防、交通、质监、价格等部门相互协调配合的旅游联合执法机制。依法打击诱导、欺骗、强迫游客消费等行为。规范旅游企

业经营行为，禁止旅游经营者使用无道路运输资质的客车，禁止旅游景区使用无质检审核的各种娱乐、索道等特种设备。加大对旅游景区、星级酒店和旅行社服务质量监管力度，维护游客合法权益。完善全市旅游质量监管机制，提高旅游执法人员的素质和执法水平。坚持全域统筹资源、游客需求导向、创新引领发展的理念，突出抓好资源整合、产业融合、提升品质、全面服务、丰富业态、创新营销等举措，擦亮叫响"草原钢城·魅力包头"城市旅游新名片，力争把包头市打造成国内知名旅游目的地。

另一方面，加强旅游安全监督检查，保障旅游安全。对大型游乐设施等旅游场所特种设备定期开展安全检测。完善旅游安全服务规范，旅游从业人员上岗前要进行安全风险防范及应急救助技能培训。旅行社、景区要对参与高风险旅游项目的旅游者进行风险提示，并开展安全培训。要求景区加强安全防护和消防设施建设。例如，东河区消防大队消防安全督查检查人员每年都会例行对南海湿地景区进行消防安全检查。以人员密集场所为重点，如景区游客中心、风情街、红色收藏纪念馆及鸟类图片博物馆等，检查内容主要从消防设备的配备、消防演练的组织、消防设备的使用、各类场所的用电以及工作人员的消防意识等几个方面进行。

制定和完善重大旅游事故防范和应急预案。旅游及有关部门联合建立旅游安全监督检查制度，定期开展旅游安全检查。建立健全旅游景区突发事件、高峰期大客流应对处置机制和旅游安全预警信息发布制度，将其纳入全市统一的应急体系。2019年8月8日下午，包头市骤降暴雨，南海湿地管理处迅速启动应急抢险预案，第一时间对暴雨造成的影响做出快速应对措施，对游客撤离、抢险排危等工作进行全面部署，并多次对积水路段进行巡查。各职能小组紧急出动，其中，执法大队第一时间打开应急通道，充当起景区的移动"指示牌"，为游客撤离及过往车辆借道绕行提供保障，并比以往更加仔细地巡视景区陆地状况，寻找滞留游客，执法巡查车辆也成为"摆渡车"，为游客撤离保驾护航。景区经营服务部及游船部的工作人员驾驶观光车及游船，分别从陆路和水路无偿接送游客，在保证安全的情况下以最快速度进行游客撤离工作。经过将近2个小时的紧急撤离，南海湿地管理处共出动50余名工作人员，20余辆工作用车及个人车辆，使近千名游客都安全撤离，没有发生游客滞留情况。

　　经过逾 30 年的湿地保护工作，南海湿地的自然环境保护状况良好，且逐年有所提升，不仅从环境保护方面承担了附近因干旱而消退的国际公约湿地"鄂尔多斯遗鸥自然保护区"的部分生态功能，还从文化教育方面积极开展各种湿地科普与文娱活动，向社会大众展示湿地的生态重要性与景观魅力。

第二章 包头市南海湿地风景区的性质、功能、特点

第一节 包头市南海湿地风景区的性质

1850 年，黄河改道，南海子渡口成为黄河中上游的水运枢纽和皮毛集散地。随着黄河不断改道以及时代的变迁，南海子"水运码头"逐步退出历史舞台。新中国成立后，南海的发展主要经历了三个阶段，南海湿地风景区的性质也随之发生变化。

一、20 世纪 50 年代，南海湖曾是包头市鱼种站，养殖成鱼

如前所述，新中国成立初期，由于黄河改道后形成了湖泊即现在的南海湖，包头市在其周围植树造林，由市防汛指挥部管理。到了 1958 年，为了解决市民的食品困难问题，包头市人民政府决定在南海湖成立包头市鱼种站，用于培育和繁殖鱼种，以便向市场提供更多更全的淡水鱼，解决群众的吃饭问题。为此，包头市在南海湖南边修筑了大坝和进出水口，彻底将其与黄河分隔开，既保证了水质也保证了水量。此时的南海湖主要是用来发展渔业，养殖成鱼，一方面解决群众的温饱问题，另一方面解决当地的经济发展问题。从 1958 年到 1985 年，随着国家机构改革，南海湖先后由包头市商业局、农林局（农牧局）和农委管辖。这一时期，政府主要发挥南海湖的经济价值，将其作为水资源加以利用，以解决温饱和生存问题。由于当时的客观实际情况，这一阶段没有条件过多考虑其美学价值和生态价值。

二、20 世纪 80 年代，南海湖被确定为南海公园成为风景区和保护区

如前所述，20 世纪 80 年代，包头市民的生产生活对南海湖造成了严重影响。旧城区的污水排入南海湖，导致南海湖水体受到污染，在南海湿地堆放城市垃圾，开设砖厂挖土生产，这些行为严重影响了南海湖的水质和周边的环境质量。为此，包头市市委和市政府于 1985 年 5 月、8 月和 9 月，先后下文拯救和发展南海湖。首先把南海湖正式命名为南海公园，将其作为一个综合性旅游风景区进行开发利用。其次政府专门下文决定采取拯救措施修复和发展南海公园，并且划定了南海公园的保护区界限，①形成以保护自然环境和开发旅游为主的经营管理格局，同时将包头市鱼种站更名为包头市南海公园管理处，隶属包头市城乡建设局，负责南海公园的保护和管理。

20 世纪 90 年代初，包头市政府围绕市场经济改革，多次召开会议就南海公园的开发建设进行专题讨论。1993 年初，包头市人民政府设立了南海旅游开发区，成立了包头市南海旅游开发区总公司，取代南海公园管理处对南海景区进行运营管理。1996 年 11 月，因南海旅游开发区总公司的体制问题，经内蒙古自治区、包头市等部门审批，将该总公司分为事业单位和企业两部分，恢复了包头市南海公园管理处对南海公园的管理。

三、南海公园成为国家级景区和省级湿地自然保护区

2001 年 1 月 1 日起，南海公园的管理机构和开发公司移交给包头市东河区政府管理。2001 年南海公园被评为国家 AAA 级景区，南海公园的保护区域被评为南海子湿地省级自然保护区。2002 年 11 月，成立了南海子湿地自然保护区管理委员会，与南海公园管理处是两块牌子，一个班子，分别对南海公园和南海子湿地自然保护区进行管理。

---

① 虞炜主编：《湿地南海》，35 页，北京，中国林业出版社，2015。

2007 年 8 月，包头市东河区政府通过决议（东府字〔2007〕128 号文件），将南海公园更名为南海湿地风景区，南海公园管理处更名为南海湿地风景区管理处。由南海湿地风景区管理处对南海湿地风景区进行宏观管理，重点做好湿地保护、规划、协调、监督和服务等工作。同时，东河区政府还组建了包头市东河区南海湿地景区经营开发有限责任公司对景区进行企业化管理和市场化运作。

2008 年 4 月，南海湿地风景区管理处依法获得行政执法主体资格，对南海湿地风景区范围内的违法行为依法享有 9 项执法职权。同年，南海湿地风景区晋升为国家 AAAA 级旅游风景区。为了更好开发南海湿地，东河区区委和区政府通过增资、扩股等形式成立了大型国有集团公司，搭建了东河区融资平台。

2014 年 8 月，根据包头市东河区机构编制委员会的相关文件精神，包头市南海湿地风景区管理处更名为包头市南海湿地管理处，且成立了南海湿地管理处党委，对南海湿地的保护和发展进行领导。2020 年 9 月，根据包头市《东河区深化五个领域综合行政执法改革实施方案》及编办的要求实行机构改革，南海湿地管理处的执法职能全部上交，不再承担执法职责，但依然负责南海湿地的保护和管理工作。2021 年 3 月，南海湿地管理处更名为南海子湿地自然保护区管护中心，由其承担南海湿地保护区的日常管理工作。

第二节　包头市南海湿地风景区的功能

湿地生态系统是地球上生产力最高的生态系统之一，为人类提供了许多重要的产品和服务。湿地生态系统服务功能是指人类从湿地生态系统中所获得的利益。根据联合国千年生态系统评估的分类方法，湿地生态系统服务功能可以分为以下四个方面：提供产品功能、调节功能、支持功能和文化服务功能。第一个功能主要是从经济利益的角度分析，第二和第三个功能主要是从生态功能分析，第四个功能主要是从非物质利益的角度分析。本节将围绕四个方面展开。

一、南海湿地风景区的提供产品功能

提供产品功能是指湿地生态系统所产生的为人类带来直接利益的物质或服务。湿地生态系统不仅可以提供动物资源、植物资源、水资源等方面的产品和服务，而且湿地能给人类提供物质基础。湿地生物多样性十分丰富，人类能够从生物多样性中得到所需的食品、药物和工业原料。湿地不仅是动物的觅食所，更是人类食物、原材料、能源的"储备库"。湿地物种为人类提供了食物的来源，作为人类基本食物的农作物水稻、家禽和鱼类等均源自野生型。野生物种是培育新品种不可缺少的原材料，特别是随着近代遗传工程的兴起和发展，物种的保存有着更深远的意义。湿地物种是多种药物的来源，随着医学研究的深入，越来越多的湿地物种被发现可做药用。湿地物种资源也为人类提供大量的工业原料。例如，湿地植物芦苇是造纸工业的重要原料；湿地中的药用植物有 200 余种，其中含有各种葡萄糖、生物碱、乙醚油和其他丰富的生物活性物质。①

南海湿地风景区具有独特的湿地生态系统，拥有丰富的鸟类资源、鱼类资源、植物资源，为当地居民生活提供了丰富的产品。春秋两季，市民们可以观赏各种候鸟，增长学识。南海湿地湖区原来是生产黄河鲤鱼的基地，在改建湖区后，为了人民的需要，增设了精养池塘，并提供部分商品鱼。随着渔业生产的发展，南海湿地风景区扩大了鱼种的养殖，还有黄河鲶鱼、鲢鱼、鳙鱼、秀丽白虾、中华绒螯蟹等水产品，丰富了广大市民餐桌，同时增加了经济效益。南海湿地还为周边的生产生活提供符合条件的水资源。

为了提升南海湿地产品的生产能力和推动南海湿地经济高质量发展，政府设立了生态养殖产业公司、养殖垂钓有限责任公司等进行专业化

---

① 崔丽娟、雷茵茹：《保护湿地，给野生动植物一个安稳的家》，载《光明日报》，2020 – 02 – 29（9）

运营。

二、南海湿地风景区的调节功能

湿地生态系统的调节功能主要是指湿地在生态过程中的调节作用提供的服务功能及带来的利益。主要包括气候调节、调蓄洪水、调节河川径流、补给地下水和维持区域水平衡中发挥的重要生态调节作用，避免水旱灾害。此外，湿地在净化水质、固碳方面也发挥了重要的生态调节服务。

湿地可以调节局部小气候。虽然小面积的湿地变化不会对气候产生大的影响，但是湿地的蒸发作用可以调节当地的湿度或降雨量，调节局部小气候。如果湿地大面积地改变，就会对局部小气候产生影响。

湿地是"淡水之源"，具有强大的储水功能。湿地可以为地下蓄水层补充水源。从湿地到蓄水层的水既可以成为地下水系统的一部分，又可以为周围地区的工农业生产提供水源。小溪、河流、池塘、湖泊等湿地中都有可以直接利用的水。它们常常被人们作为生活、工业生产和农业灌溉用水的水源。泥炭、沼泽等其他湿地可以成为浅水、水井的水源。如果湿地受到破坏或消失，就无法对地下蓄水层供水，地下水资源将面临枯竭的危机。

湿地是抵御灾害的一道天然屏障，可以减少洪水，缓解干旱。湿地调蓄洪水的功能主要体现在洪水发水期，湖泊、沼泽湿地能够暂时储存部分洪水，待洪水水势减小后再慢慢泄出，从而减轻洪水对人类生命和财产的危害。湿地土壤有机质含量较高，其储水如同海绵一样，在汛期吸收和蓄存多余的水分。湿地植物能够更好地涵养水源，为人类生产生活保障水的供应，并且减少洪潮。在干旱季节，湿地将水释放出来，可以有效减少水资源季节分配不均造成的洪水或干旱。

湿地是"地球之肾"，湿地生态系统具有物理、化学、生物等综合效应，具有极强的降解污染功能。湿地具有强大净化污水的能力，特别是对二级处理难以去除的营养元素（如氮、磷等）具有良好的净化作用。所以，湿地另一个重要的生态功能就是净化水质，即湿地在净化污水、滞留沉积物和营养物质、降解水中有毒物质等方面发挥着重要的作用。湿地低平的地势和缓慢的水流，可以让污染物中的悬浮物在重力的作用下沉降。芦苇、香蒲、狐尾藻等湿地植物可直接吸收水体中的氮、磷等营养物质，并对水体中的重金属等污染物质进行富集；广泛分布于水体、基质和植物根系等环境中的微生物能够参与多种氧化还原反应，降解、去除各类污染物。

湿地是"储碳库"，在应对气候变化中发挥着重要作用。湿地可以吸收和储存碳。泥炭地、红树林和海草储存了大量的碳，是地球上最有效的碳汇。湿地特别是泥炭地，在有效缓解温室效应、应对气候变化方面发挥着不可替代的作用。2016 年，国家林业局制定了《林业适应气候变化行动方案（2016—2020）》，明确了开展湿地保护与恢复应对气候变化的具体行动。自 2014 年起，我国启动了重点省份泥炭沼泽碳库调查，对分布面积较大的内蒙古、四川等 11 个省份泥炭沼泽进行碳库调查，目前已完成 6 个省份调查试点工作，2018 年创新性地建立了泥炭地调查工作机制，为国家应对气候变化工作提供科学依据。

南海湿地位于包头市区的东南边缘，是黄河改道南移后形成的湖泊和滩涂地，拥有开阔的水域和大面积的疏林草地，自古以来一直向包头市提供生态服务功能，是调控包头市区及周边干旱的生态环境，提供人类与自然湿地系统和珍稀鸟类近距离接触的场所等。

包头市、区两级党委、政府十分重视南海湿地生态功能建设。黄河凌汛与北部山区带来的洪水会对包头城区产生威胁，需要南海湿地分洪调蓄。自成立自然保护区以来，投入巨资对南海湿地进行建设，清理沿黄河湿地的违章建筑、废弃物和建筑垃圾，开挖蓄滞洪区。2009 年以来，在黄河流凌期间，市、区两级政府下达分洪蓄水令，南海湿地风景区调动精干人员和所有设备，开泵提闸，昼夜分洪蓄水，使南海湖 5000 亩水面达到1006.75 米的最高水位，同时将外湖蓄足水，总水面达到 8700 亩。蓄洪能力达到 1200 万立方米。经过十几年的建设，南海湿地水域面积不断扩大，蓄洪抗旱能力进一步增强，为东河区每年提供 40～50 万立方米的生态用水，提高了市民的生活幸福指数，改善了东河区的生态环境。①

三、南海湿地风景区的支持功能

湿地是"物种基因库"，具有维护自然界的生物多样性和生物链完整性功能。湿地具有强大的物质生产能力，在促进营养物质循环，产生氧气等方面有重要的生态作用。湿地生态系统可以通过间接作用对人类造成长期影响，是其他生态系统服务功能的基础。从物质循环的角度看，湿地的植物通过光合作用将大气中的二氧化碳固定下来，为生态系统储存有机物，将生态系统中各元素进行累积，并在此过程中吸收生长环境中的各种微量元素，对空气、土壤、水体都具有重要的净化作用。

南海湿地能改善城市生态环境，净化城市空气，它以水为基础，营造城市森林。森林是生态产品的最大生产者，发展城市森林能够最有效地解决城市空气污染、水污染、噪音、粉尘、热岛效应等问题。而且森林还是城市文化的重要符号。南海湿地作为城市湿地，更应该为作为国家级森林城市的包头市作贡献，要注重大力植树造林；要在建设包头市生态水系的基础上，大力发展城市森林。南海湿地风景区拥有丰富的植物物种，它们的茎、根、叶等油腺组织可以分泌出一种浓香的挥发性物质——芬多精，该物质具有杀菌作用，有利于净化空气。

四、南海湿地风景区的文化服务功能

湿地是人类文明的摇篮，孕育和传承着人类的文明。湿地生态系统的文化服务功能是指湿地生态系统能够为人类提供娱乐消遣、历史文化、教育科研、景观美学等方面的非物质利益。湿地丰富的生物多样性为湿地农业、生态旅游等湿地产业发展提供了基础，使湿地成为乡村振兴强有力的龙头和载体，通过保护湿地生物多样性，强化湿地保护和恢复，创造性地

---

① 虞炜：《浅谈城市湿地保护》，载《内蒙古林业》，2007（6）：18 页。

发展湿地等特色产业，能够给当地经济注入活力，并且提供大量的工作机会，提高就业率。

以湿地生态系统为基础，形成人文特色与地缘优势，使湿地成为良好的生态文明传播载体。包头南海与汇入其中的东河是公认的包头市起源地，承载了古代多重神话传说、明清走西口人口迁移、民国水旱码头商业繁盛等历史记忆，应当是包头人追根溯源的文化圣地。

经多年保护与建设，南海湿地形成了集旅游观光、生态休闲、科普宣传于一体的旅游风景区。南海湿地风景区不仅从文化教育方面积极开展各种湿地科普与文娱活动，向社会大众展示湿地的生态重要性与景观魅力，同时也丰富了居民的生活。通过梳理本地的各种文化资源，以黄河母亲河文化作为当地背景性文化大基调，着重挖掘南海"水旱码头"历史和塑造包头市的"走西口文化"，二者作为南海湿地的人文文化核心吸引力，并以此引导相应文化、旅游与创意产业的发展。

南海湿地风景区增强湿地科普宣传，提高人们对湿地生态服务功能重要性的认识，开展OTO模式的宣传，利用网站、微信公众平台、抖音平台等进行线上宣传。打造全国科普教育基地，形成点、线、面相结合的湿地科普格局。另外，出版了7本与南海湿地风景区相关的科普读物，成为湿地保护宣传的有效工具。经国家环保部批准成立了自治区唯一的自然学校，为少年儿童提供自然体验服务。

第三节　包头市南海湿地风景区的特点

南海湿地风景区围绕南海湖5000亩的水面，坚持以水为主题，深入挖掘包头市和南海湿地深厚的文化底蕴，打造具有鲜明特色的南海湿地风景区。

一、以珍稀鸟类为主要保护对象，打造鸟类栖息地

包头市南海湿地风景区以珍稀鸟类为主要保护对象，这是有别于其他

湿地最显著的特征。稳固湿地生态、保护候鸟种群是南海湿地发展的首要任务，游憩、经营等活动都应建立在此基础上，为生态保护锦上添花。因为包头市南海湿地风景区拥有开阔的水面和大面积的疏林草地，是两条国际候鸟迁徙路线交汇点的重要停歇地，所以鸟类是南海湿地内最丰富的动物类群。每年 2 月中旬到 3 月末，大批候鸟云集南海湿地，使其成为野生鸟类的乐园。大批旅鸟来到南海湿地保护区内觅食、休息，吃饱喝足后，再踏上征程，一路北上。据统计，在东河区党委、区政府和上级林业主管部门的领导下，截至 2020 年，湿地鸟类种类由过去的 77 种增加到 232 种，其中包括遗鸥、黑鹳、白尾海雕等国家I级重点保护鸟类 5 种，大天鹅、疣鼻天鹅、白琵鹭等国家II级重点保护鸟类 31 种。为此，南海湿地风景区专门打造了自然学校项目，建设了鸟类图片馆和百鸟园。2012 年修建的中国黄河湿地博物馆——鸟类图片馆以目、科、属、种作为分区主线，分为 28 块展区，展出了 16 目 48 科 272 种 446 幅鸟类图片，吸引了大量的鸟类爱好者和喜欢湿地文化的游客。通过鸟类图片馆的参观，发挥了良好的湿地宣教功能。

南海湿地为了保护这些珍稀的野生鸟类，以法治湿、以科兴湿，南海湿地管理处采取了拆除违章建筑、切断污水流入、修建涵闸、修复湿地、建设生态鸟岛等多项举措，生态保护卓见成效，使得黄河流域的生态环境逐渐得到好转，为鸟类打造适宜的栖息地。每年 3 月，白琵鹭、白鹭、苍鹭、凤头鸊鷉、反嘴鹬等种群到南海湿地安家，4 月中旬，就会有很多的雏鸟在南海湿地破壳而出，为湿地增添新生命。经过多年的湿地保护和修复，环境得到极大改善，可以为鸟类提供洁净的水源、充足的食物和安全隐蔽的栖息环境，使南海湿地成为鸟类栖息繁衍地，出现了冬天鸟闹春，旅鸟变留鸟的现象。南海湿地已经连续 6 年发现 3000～5000 只赤麻鸭、绿头鸭、大天鹅等鸟类在南海湿地越冬，而不选择南飞越冬，使其成为冰天雪地里一道独特的风景。

二、城市中的湿地

城市湿地是指分布在城市规划区范围内的湿地，属于城市生态系统组成部分的自然、半自然或人工水陆过渡生态系统。目前，世界城镇人口已经超过了40亿，拥有城市湿地，也就意味着提高城市抵御洪涝灾害、补充饮用水、过滤废弃物、提供绿色休闲空间的能力。在湿地景观适宜、生态系统完整、生态特征显著、历史和文化价值独特，便于开展科普宣传教育活动的区域，可以建立湿地公园或者湿地风景区。

南海湿地是城市中的湿地，融黄河、湿地、城市于一体，是包头市宝贵的生态财富，为广大的市民提供了休闲娱乐的场所。它位于东河旧城区的南侧，与城区紧紧相连，是旧城区特有的自然景观资源。南海湿地风景区围绕南海湖5000亩的水面，挖掘包头市以及南海湿地深厚的文化底蕴，凸显黄河故道、文化发祥、钢城、草原文化共生的多元文化，体现人与自然共生的理念，传承包头文化脉络，塑造现代精神。南海湿地风景区打造了时空码头、南海问茶、双龙吐翠、唐宋遗风、雁渡苇荡、九色鹿、卵石滩、问鱼台等十大景点。作为城市湿地，当地政府顶住了城市城镇化发展的压力，保育了南海湿地这片珍稀的湿地，使其水草丰茂，百鸟蹁跹。负氧离子含量远远超过市区，大自然赋予南海湿地浩瀚的湖水、灵动的鸟儿、怡人的风景，使南海湿地成为许多城市人所憧憬的诗和远方。

三、沙漠中的绿洲

南海湿地风景区是沙漠中的绿洲，属于高原中的湿地，围绕湖泊周边，是湖水涵养出来的湿地。南海湿地具有独特的生态系统，处于荒漠—半荒漠地区黄河河滩芦苇沼泽型湿地的重要环境区位上。南海湿地风景区不仅可以为城市居民提供必要的水资源，还具有为城市提供蓄水、防御自然灾害、补充地下水源、降解有毒物质、净化空气、调节小气候、吸附尘粉、净化污水、美化环境等生态服务功能。南海湿地如同一颗镶嵌在鹿城大地上的绿宝石，长久闪耀着熠熠光芒。

四、"美丽湿地、休闲南海"的定位

拓宽湿地发展思路，促进绿色发展。包头自古的交通区位优势，结合区域级空港交通枢纽的建立，以及南海湿地丰厚的自然景观资源，必然会将本地区引领到国内区域级，乃至跨国区域级旅游目的地及集散地的发展道路上。南海湿地先后编制了《内蒙古南海子湿地保护区总体规划》《包头南海湿地风景区景观概念设计》《包头市南海湿地及周边地区总体规划与适度开发详细规划》，科学规划了南海湿地的保护与利用布局，明确了"美丽湿地、休闲南海"的定位，确定了以湿地保护为主线，休闲为主题的文化旅游、生态养殖、环保水务、休闲体育等发展思路和与之配套的规划体系，[①] 共绘生态文明美丽画卷。

为实现保护湿地、稳固生态、促进区域文化与经济活力的目的，包头市南海湿地及周边地区总体规划与适度开发区详细规划突出南海湿地与周边地块的协调、市民活动与生态保护的协调以及湿地保护与适度利用的协调，最终达到生态、文化、社会、经济效益的平衡。把环南海湖生态休闲片区作为南海湿地自然保育与城市建设的交界面、南海"湿地保护区"的旅游展示核心、城市生态休闲与湿地科普研究的综合体。

南海湿地以南海湿地公园及周边生态区域为景观资源主体，以生态保护与生态恢复功能为核心，努力打造城湖一体、乡野谐趣、人鸟与共的塞外湿地天堂。结合南海湿地自然资源丰厚的特点引导建立创新的休闲产业，并推荐着重发展商业服务、文化科教和康体养生三者。创意商业服务产业方面，重点发展婚庆服务与创意历史文化生活式商街两个项目，并将其在空间上有机融合，打造一站式体验。文化科教产业方面，重点发展湿地科普教育，结合展示优厚的自然资源孕育出的文化内涵，进行多样展览展示，应用新科技虚实结合，塑造体验式慢行空间。此外，还鼓励多重生

---

① 包头市委宣传部：《打造诚信品牌——构建和谐南海湿地》，载《内蒙古宣传思想文化工作》，2018（7）：8页。

态研究，尤其是对珍稀鸟类、特别生境与生态水净化方面的研究。康体度假产业方面，重点发展温泉养生、运动休闲项目，并考虑利用现存的南海湖西部保利度假地产与东部两处别墅地产，改变经营方式，发展度假酒店，拓展休闲体验。

五、具有独特的历史文化资源

南海湿地是包头市的历史文化起源地。包头所在的土默川平原为河套平原的组成部分，具有发达的农耕文化，是包头城市形成的基础。南海湿地及汇入其中的东河是包头市城市发展的历史源点，这是其城市尺度范围内最大的历史文化特色。

（一）"走西口"文化

清代至民国三百余年间，很多农民浩浩荡荡从山西、陕西等口内走向口外，有的经商，有的务农，有的从事手工业，人们习惯上将这一移民现象称为"走西口"。包头是"走西口"移民的一大落脚点，同时"走西口"也是推动包头城市化进程的重要力量。包头随着西北地区贸易的兴衰而变化，晋商是西北地区贸易的代表。这期间很多山西商贩来到包头村做买卖，例如，晋商乔贵发开设"广盛公"经营粮食、杂货等，后改名为"复盛公"，各行生意的兴隆使得几个村落逐渐连为一体，"先有复盛公，后有包头城"体现了晋商在包头城市发展过程中所起的作用。皮毛一动百业兴，以乔家为代表的晋商逐步将自己经营的商业贸易推向顶峰。包头发展成为中国西北著名的皮毛集散地。

"走西口"主要分水路和陆路两种方式，在包头定居的"走西口"移民主要的迁移路线虽然不能一概而论，但是也可以判断出大致情况，大多数是出杀虎口自土默特沿黄河西进达包头，主要是山西人。沿黄河水路是一条重要的西进路线。彼时，今南海湖为黄河正道，后黄河改道，黄河北岸的低洼地留存的河水成为南海。后黄河再次改道，南海湖也正是由于黄河再次改道南移后而遗留下来的又一湖泊。

（二）水旱码头文化

包头北依大青山，南临黄河，东西介于归化土默特平原与后套平原这两大粮仓之间，不仅是蒙古土默特部、乌拉特部、鄂尔多斯部三大部落物品交汇之地，更重要的是内蒙古自治区西部以及整个大西北甚至蒙古国粮油、皮毛、牲畜、盐碱、药材等产品进入内地的必经之地，也是内地商品进入西北地区的重要中转之地。正因为其优越的地理区位条件，包头进入历史视野后，由村而镇，由镇而县，由县而市，发展非常迅速，在较短时间内成为西北最重要的水旱码头和商品集散中心。其中水码头指的就是南海一带。

1850年是包头的重要转折时间点。彼时黄河改道，托克托县河口镇的黄河渡口迁至包头南海；1874年，黄河再次改道，萨拉齐之毛岱渡口废，包头南海成为黄河大码头；1875年，南海官渡建成，西北及蒙古地区的皮毛等原材料都要经由包头官渡输出；1923年，平绥铁路（今京包铁路）开通，在南海口岸附近选建火车站，这也是即使在西北商道走向衰落后，包头不仅没有像河口、喷口那样衰落，反而发展更加迅速的原因。通车后，包头成为水陆交通枢纽，成为真正意义上的水旱码头，使包头成为西北重镇。

（三）黄河湿地文化

包头市黄河沿岸湿地众多，但唯有南海，直接孕育了包头城市的起源、民族融合与扩张发展。包头城在黄河支流博托河（今东河槽）以西发端，凭借地理区位优势，迅速从包克图（有鹿的地方）成为西北商业重镇。新中国成立后，因昆都仑区发展工业和铁路运输的逐渐发达，作为水旱码头的老城区逐渐没落。在此之后，包头开始发展重工业，成为"草原钢城"，城市发展核心西迁，包头旧城所在地成为东河区，发展受到限制。新时期新环境下，第二产业已不足以支撑包头的可持续发展，随着第三产业的兴起，东河区着力打造旅游集散中心，原先没落的城市历史发源地开始焕发新的活力。

（四）其他文化资源

1. 神话历史传说

南海是九曲黄河的一段故道，流传着许多的故事与传说。例如，观音菩萨守河神、王母娘娘咬苇草、大禹治水、美人鱼迁居等，王昭君、康熙帝等历史名人也曾在南海留下足迹。

2. 蒙汉回民族交融文化

随着"走西口"文化引起的移民浪潮，包头自发形成了蒙古、汉、回民族聚居地，是农耕文化与草原文化的交融地。深宅大院的商号、蒙汉文字并用的招牌、蒙汉语言交融形成的方言和地名等，宗教的世俗化，独特的地方佳肴和风俗，立拴马柱、油旗杆等乡俗，不同文化的交融共同促进了包头文化的形成。

3. 渔业文化

1949—1958年，南海湖只是黄河改道南移后以黄河故道为基础的泄湖，主要从事渔业粗放养殖，以群众性捕捞为主。1958年成立了包头市鱼种站，成为内蒙古地区著名的鱼种基地。其养殖的鲤鱼因为其金鳞赤尾，被誉为"南海黄河金翅"大鲤鱼。

4. 民俗活动

大型庙会活动、放河灯、篝火晚会、"走西口"戏剧、旱船歌舞会等都是人们喜闻乐见的民俗活动。南海曾是包头重要的水旱码头，每逢黄河涨水季节，南海子码头船筏林立，人头攒动，十分忙碌。基于南海子得天独厚的地理状况，形成了各种民间传统风俗活动。每逢黄河上涨，河水经常漫过堤岸，淹没沿岸的田园和村庄。为了保佑南海子，保佑河路航运客商的船只运行顺利，由大户集资在南海子建造了一座河神庙，每年农历七月初一至初三，由本村河路社主办庙会，演三天戏，并燃放最具特色的河灯以谢河神庇佑。七月初二晚上，船只装载着千百盏彩色河灯，摆渡到南海子渡口的上游，一盏盏放入河内。夜里只见千百盏五颜六色的河灯，漂游于河面，与天上的繁星交相辉映，别具一番奇观美景。大家燃焰火、纵情歌舞，以盛大的方式庆祝着这一节日——河灯节。河灯又名"荷"灯，谐音"合"灯，喻意和和美美；同时，流传已久的河灯文化还蕴含着团结、协作、感恩的精神，放河灯不仅是放飞希望，放飞梦想，更是凝聚团队合力、感恩回馈的绝佳契机。南海湿地风景区结合这一南海民俗文化，开展南海河灯旅游文化节。河灯节的成功举办不仅为我市及周边盟市市民提供了又一休闲娱乐的好去处，同时还满足了市民对传统文化的期盼。

在这些民俗活动中，最有特点的要数跑旱船了。旱船歌舞是从水上行舟的生活中产生的。船既是交通工具，也是捕鱼的生产工具，船已经融入了他们的生产生活。人们在使用木船的生活中，提炼、创造了"旱船"这种表演形式，千百年来，一直流传民间。南海子自古以来是水旱码头，交通发达，人们每日撑船行舟，有很多船工、艄公，外地移民从外地大量流入，这些移民把本乡本土的一些风俗活动随之带入。南海子的人们吸收了流传过来的旱船舞，并结合本地区的特点，对旱船舞不断加工，形成了自己独特的风格形式。南海子的旱船在制作上与众不同，它用木架、竹子编制，船身轻而大，用画布包裹，配置彩旗、花篮、灯笼等装扮一新。

南海子旱船舞的主要套路有：二龙出水、压葫芦、压葫芦蒜辫、金钱圈、八宝罗汉圈、塌滩、扳船等。所有套路都体现了行船开始至扳船回归的途中所遇到的风、浪、旋涡、回水湾、触沙滩的情形。

此外，南海湿地风景区还利用包头特有的非物质文化遗产，将历史文化融入湿地美景中。邀请非遗传承人到南海湿地风景区，向游客们展示非遗文化，讲述非遗文化，普及非遗文化，让游客们在欣赏美景的同时了解当地的历史文化。

包头的文化类型丰富，可挖掘的点很多，但是为了能更好地展现包头文化，快速形成文化品牌，必须对包头现有文化进行主次分级，选择最具有文化代表、最符合地域精神的文化点作为核心文化进行展示。"走西口"移民运动以及商业共同促进了包头城市的兴起与发展，是包头文化最重要的版块与精神所在，而南海是"走西口"沿黄水路西进包头的第一站，是水旱码头的水码头。未来的南海湖将结合空港交通枢纽联合发展，成为呼包鄂区域的旅游集散中心，所以南海区域将成为"走西口"文化以及水旱码头文化的展示窗口。

第三章　南海湿地风景区在包头市、东河区的价值和作用

第一节　南海湿地风景区在包头市、东河区的价值

　　湿地具有综合效益，可以利用于农业、工业、旅游业等方面，湿地的经济价值、生态价值和社会价值相互作用，相互依存，构成一个不可分割的整体。湿地是全球价值最高的生态系统。据联合国环境署的权威研究数据表明，一公顷湿地生态系统每年创造的价值高达1.4万美元，是热带雨林的7倍，是农田生态系统的160倍。①

　　南海湿地风景区的发展规划要实现生态、文化、社会和经济四大目标。简单的来说，一要实现其生态价值，即要净化南海水质，降低核心区被人类活动干扰，为候鸟提供更加舒适、安全的栖息地，保障湿地生态多样性和平衡性。二要实现南海湿地的文化价值，通过丰富多样的途径传达湿地精神，传承历史文脉，弘扬湿地文化。三要实现南海湿地的社会价值，为包头市民和过境游客营造舒适、有趣的游览体验，在不影响湿地生态的前提下寓教于乐，促进人与自然的和谐共处。四要实现南海湿地的经济价值，采取灵活的开发经营模式，在保证南海湿地自身运营良好的同时，成为区域活力引擎，促进周边经济转型。

---

　　① 李靖、武毛妮：《不要忽视小微水体的生态作用》，载《中国环境报》，2018 - 02 - 06（7）。

一、南海湿地风景区的生态价值

如前所述，遏制湿地面积减少，增加湿地面积，修复湿地生态系统，能促使湿地调节气候、保持水土、蓄洪防旱、防风固沙和美化环境等多种生态功能的充分发挥。

相对于经济价值而言，南海湿地的生态价值更重要。南海及周边黄河湿地内的生态环境不仅是众多湿地野生动物栖息、繁殖的优良场所，也是湿地鸟类迁徙的重要通道和驿站。南海湿地营造多样生境，降低人为干扰，保护生物多样性，促进南海湿地形成相对稳定的生态系统。通过南海湿地鸟类群落监测及遗鸥栖息繁殖研究的项目建设，南海湿地水面面积增大，为以遗鸥为主的雁鸥类营造了适合栖息、繁殖的生态环境，每年吸引众多鸟类到此繁殖、停留和越冬，使南海湿地成为重要的生物遗传基因库，对维持野生生物种群的存续、筛选和改良具有重要意义。另外，对南海湿地工程的建设，维护生态系统的完整性和连续性，不但可以美化城市面貌，而且具有净化空气、调节气温、增加大气湿度等调节包头市区小气候的附加效益，对进一步改善包头市人居条件具有极大的作用。

根据《包头市南海湿地及周边地区总体规划与适度开发区详细规划》，将对南海湿地进行有序开发建设，项目实施后，将会极大提升包头水文品质。首先，形成可持续的湿地水循环系统，即通过闸、堰等控制的南海湖、周边湿地、黄河、二道沙河、东河、周边用地的联动系统，在减缓洪涝威胁的同时，满足湿地水源需求，减少外部不经济性。其次，建立完善的湿地净化系统，在提升湿地自身水质的同时，为东河、西河、周边地区提供优质的水资源，提升包头景观体验品质，为降低黄河包头段污染风险提供有力支撑，并为区域生物提供良好的栖息环境，减少蚊虫滋生。最后，对南海湿地进行生态补水，对补水设备进行升级改造，对生态补水引水渠道进行清淤，同时为推进水生态系统平衡，投放鲢鱼夏花50万尾，鲂鱼30万尾。

二、南海湿地风景区的文化价值

文化方面，湿地具有一定的历史、教育和科研价值。湿地是人类生命的起源，它孕育并传承着人类文明，具有独具特色的文化功能。南海及周边黄河湿地是一座自然博物馆，通过对自然湿地的科普，教育和提高人们对保护自然、保护环境、合理利用资源的认识。南海湿地每年可接待一定数量的大专院校的师生和中小学生的教学实习和参观，尤其是生物学、生态学等专业的学生。在这个天然的大课堂内，青少年通过目睹和亲身体验，增加生物、生态、地理、资源保护和利用等方面的知识，从小培养他们保护自然资源，善待地球，保护家园的自觉性。通过开展社区共管，使自然保护区内及周边地区的居民、企业、组织等各利益相关者清楚自己的行为是如何影响环境的，从而共同采取措施保护生态环境。充分发挥湿地保护区科普、宣传教育的功能，提高全民生态保护意识，促进社会可持续发展，并逐步成为包头乃至内蒙古自治区的一张生态名片。

除此之外，通过国内外学者对南海自然保护区的学术交流，促进南海及周边黄河湿地资源保护与监测工作的开展。依托科研工作所积累的大量、可靠、全面的监测资料，为有关科研单位进行专题性科学研究做好基础配套工作，为我国自然保护网络的建设和管理作出贡献。科研成果的积累可进一步提升南海湿地的知名度，不仅可以为包头黄河湿地的保护提供示范作用，还可以为各级领导决策提供依据。从而吸引更多社会资源，使保护工作持续深入地进行。2017 年 10 月，包头市南海湿地保护与修复院士工作站成立，填补了包头市湿地生态环境领域的空白，也是全国唯一一家以黄河流域为研究对象的湿地保护与修复院士工作站。该院士工作站主要致力于湿地保护与修复技术的相关研究，通过对南海湿地生态系统中的因子进行科学的监测与研究，进一步研发湿地水质净化技术、鸟类栖息地修复技术等湿地保护与修复中的技术问题，从而更好地评估南海湿地的生态功能，为黄河湿地尤其是干旱—半干旱地区湿地恢复提供技术体系和恢复策略。

总而言之，南海及周边黄河湿地具有内蒙古自治区内其他湿地不具备的特性，即融黄河、湿地和城市（钢城）为一体。而且保护区内物种丰富，景观独特，是西北地区仅有的位于城市中的湿地，它既是黄河湿地生态系统形成的缩影，也是包头市乃至西北地区一个得天独厚的宝贵的自然资源。内蒙古自治区南海黄河湿地工程的实施，不仅生态效益巨大，经济效益可观，社会效益显著，而且有着重要的现实意义和深远的历史意义。

三、南海湿地风景区的社会价值

湿地具有强大的社会功能，为人类提供接近自然的生态旅游场所，为人类健康和福祉提供重要支持，为人类进行生物多样性研究和科普教育活动提供场所和基地，为满足社会的需要发挥作用。主要体现在以下几个方面：

第一，湿地是各种景观和旅游资源的重要组成部分。南海及周边黄河湿地原本具有丰富的自然景观和野生生物种，其中极具观赏价值的湿地植被、湿地鸟类和自然环境是该湿地的一大特色。通过对南海湿地项目的建设，将目前以农田为主的景观，修复成湿地自然生态景观，重现地域广阔，拥有水域、沼泽、草甸以及林地等各类生境，可近观野生动植物和黄河壮观景色的自然湿地。良好的自然环境和生物资源，古朴宁静的人文环境，增加了旅游与户外娱乐的吸引力，是进行休闲旅游、运动、垂钓及其他户外游乐活动的理想之地。

第二，湿地为人类健康和福祉提供重要支持。研究表明，与自然的互动可以减轻人们的压力并提高健康水平，增加人类幸福指数。当湿地作为一种绿色空间在城镇得到有效的保护和修复时，即为当地居民提供了休闲空间，让其了解和接触更多样的湿地动植物，使城镇更宜居，人居环境优雅自然。三年疫情得出的经验之一是，湿地（尤其是城市湿地）为感到焦虑、恐惧和受限的人们提供了重要的心理保障。[1]南海湿地风景区作为城市

---

① 《湿地公约》秘书处：《全球湿地展望：2021 年特刊》，11 页，2021。

湿地，为市民们在繁忙工作之余提供了休闲娱乐的好去处，身心得到放松，缓解工作压力。

四、南海湿地风景区的经济价值

研究表明，全球生态系统每年能提供环境服务价值达33.3亿美元，其中湿地提供的服务价值达4.9亿美元，占生态系统的14.7%。[①] 湿地具有极高的生物生产能力，是服务价值最高的生态系统类型，对湿地丰富动植物资源的利用可以带动农业、渔业及加工业等副业生产的发展，为当地带来丰富的经济价值，包括直接的经济效益和间接经济效益。

如前所述，湿地具有丰富的水资源、生物资源、旅游资源等，利用湿地发展生态种植、生态养殖和生态旅游等特色湿地产业，可以提高居民福祉，促进区域经济的可持续发展。例如，湿地能够为人类提供食物和各种资源，包括鱼虾、药材、蛋肉、水果等天然产品。良好的湿地旅游业管理，能够给湿地保护区、地方和国家各层面带来巨大的经济和环境效益。旅游业的收入可直接用于湿地保护管理，湿地本身能直接受益。对湿地经济价值利用应正确处理湿地保护和开发的关系，走可持续发展道路，可以合理利用湿地丰富的资源满足人类发展所需，防止过度利用湿地，破坏其生态价值。"十四五"期间，南海湿地将全面推进湿地保护和湿地资源可持续利用，建立健康稳定高效的自然生态系统，加强招商引资，将保护区打造集湿地保护、科普教育、绿色健康、休闲体育为一体的"塞外明珠"，带动周边经济发展。[②]

湿地保护存在潜在的间接效益更是不可估量的。其一，我国是水资源严重短缺的国家，保护湿地就是保护了水，就是保护了生命之源，正常发

---

① 樊清华：《海南湿地生态立法保护研究》，31页，广州，中山大学出版社，2013。

② 张林虎：《探访包头南海湿地：自然生态系统健康稳定》，载中国新闻网，http://www.chinanews.com.cn/sh/2021/12 - 16/9631392.shtml，最后访问日期：2023年8月31日。

挥湿地生态系统的调蓄功能，将大大减少洪涝灾害造成的损失。其二，由生态效益和社会效益转化而来的间接经济效益，主要体现在湿地的蓄洪防旱、调节气候、控制土壤侵蚀、促淤造陆、降解环境污染等。其三，遗传资源本身具有极其巨大的潜在经济价值，保护生物多样性也就保护了未来的发展基础，通过湿地野生动植物资源的就地保护和人工培育，它们的价值将日益得到挖掘和开发。[①]

南海湿地风景区在开发利用过程中能够给包头市特别是东河区带来一定的经济效益。南海湿地风景区通过内部不断升级改造，建设了美食风情街，完善了景区基础设施，开展各种主题活动，推进周边旅游配套设施的进一步完善，将文化与体育产业整合发展，不仅实现了旅游收入逐年增长，同时也可以带动周边经济、交通、商业、旅游业、林农副土特产加工业的发展，在增强景区自身经济实力的同时，也为当地带来经济效益，促进周边地区的就业，拉动地方经济的发展。位于包头市东河区的南海湿地风景区已成为包头市的一张名片，它是包头市城区内最大、最集中的生态空间。在春季可领略春回大地的自然景色；夏季可作为旅游避暑胜地；秋季可感受草原风光的浑厚豪迈；冬季可进行滑冰、冬泳，还可观赏茫茫雪原和树挂奇观。这些都促进了南海湿地旅游业的发展，带动区域经济繁荣，解决就业人员安置，促进社会稳定。

南海湿地风景区的主要经济效益包括餐饮收入、渔业收入、娱乐项目收入以及停车场收入。以 2018 年为例，南海湿地风景区的餐饮收入约为50 万元，渔业收入约为 70 万元，娱乐项目收入约为 1210 万元，停车场收入约为 20 万元，合计约 1350 万元。2023 年，景区全年共接待游客为 80万人次，景区整体运营产值约 4036.7 万元，其中南海景区公司收入约1139.4 万元。[②]

根据南海湿地及周边地区总体规划，未来几年，南海湿地依托包头市

---

① 《全国湿地保护"十三五"实施规划》，41 页，2016 年 11 月。

② 2018 年数据来自南海湿地管理处，2023 年数据来自包头市南海子湿地自然保护区管护中心。

交通枢纽更新及南海湿地优化的双重激活点，发展周边旅游配套、婚博园、汽车营地生态农业——电子商务产业链、植物基因库、生态养殖垂钓等产业，将成为该片区乃至包头市新的经济增长极。

第二节　南海湿地风景区在包头市、东河区的作用

南海湿地风景区在包头市、东河区发挥的作用主要体现在以下几个方面。

一、美化、改善包头城市生态坏境

（一）净化空气，调节局部气候

湿地作为多水的自然堤，由于土壤积水或经常处于过湿状态，使该区域地表增温困难，湿地的蒸发量是水面蒸发量的一倍，导致湿地地区气温降低，气候较周边地区冷湿。同时，湿地的蒸发作用可保持当地的温度和降雨量，使空气湿润，为动植物及人类均提供良好的小气候，这一功效在干旱和半干旱地区尤为重要。得益于高水分含量和丰富的植物种类，湿地能够向周围扩散潮湿的空气，进而冷却其周边的空气，缓解热带城镇和极度干燥地区的气候。

调控包头市区及周边干旱的生态环境。据测定，包头地区年蒸发量2800 毫米，年降雨量300 毫米，使得包头地区的气温十分干燥、多风。而南海湿地可使周边地区气温降低1.3～4.3 度，相对湿度增加5%～23%，湿润的空气为动植物以及人类均提供良好的小气候。①

---

① 苗春林：《内蒙古包头市南海湿地保护与开发利用研究》，西北农林科技大学2008 届硕士研究生学位论文，15 页。

（二）净化黄河包头段水质

湿地利用种类丰富的植物使水流减速沉淀，这些沉淀物产生了分解过程，使湿地的薄层积水性质发生土水界面交换，从而降低化学物的含量。[①]包头是我国重工业城市，截至 2018 年末，包头市常住人口为 288.87 万人。据调查，包头市区及周边地区每天有逾万吨的生活污水、工农业废水等流经湿地进入黄河，对黄河水质及整个流域造成严重威胁。而南海湿地可以在一定程度上起到截污净化作用，湿地丰富的植被具有减缓地表水流速度的作用，流速减慢和植物枝叶阻挡，亦使水中泥沙得以沉降。同时，经过植物和土壤的代谢过程、物理化学作用，水中各种有机的和无机的溶解物和悬浮物被截流下来，许多有毒有害的复合物被分解转化为无害甚至有用的物质，使得水体澄清，达到净化目的，对黄河水质及周边地区水源地具有重要意义。

2009 年，包头市环保局、包头市南海湿地风景区管理处共同承办了包头市黄河湿地生态修复工程项目，工程内容主要包括污染河水强化处理系统、湿地低污染水生态净化与资源化工程、湿地原生态保育与生态修复工程、湿地景观建设工程与生态环境管理，对于减轻黄河包头段整体水质污染，保障城市用水安全等方面具有重要意义。

（三）涵养水源、蓄水防洪

南海湿地保护区地处包头市东南部，大青山南麓的冲积平原，为黄河滩涂湿地。由于此处地势低，北部大青山十多条河谷内流下来的山洪也汇集于此而形成常年积水，至今已有多年的历史。南海湖是包头市唯一的天然湖泊，多年来，在蓄水、防洪、调节气候、防止水土流失，保障包头市生态安全等方面发挥着重要作用。辽阔的南海湿地，可以存储过多降雨，缓解山洪，减轻洪水的危害，在旱季可以将储水逐步放出，发挥着蓄水抗

---

① 解一凡、李建平、董俊鲜：《南海子湿地对包头地区生态环境的作用》，载《内蒙古林业》，2012（12）：14 页。

洪的巨大功能。2008年4月流凌期，黄河流经包头市达到历年以来的最高水位，严重威胁着包头市人民的生命安全，包头市人民政府立即命令南海各湖开闸蓄水，有效缓解了灾情，减轻了对黄河下游的压力。

目前，包头现状河道防洪标准为5—10年一遇，无法满足城市防洪排涝要求。根据《包头市南海湿地及周边地区总体规划与适度开发区详细规划》，将会把二道沙河防洪标准提高至100年一遇，东河提高至200年一遇。划分四个滞洪区（Ⅰ区为南海湖内湖、Ⅱ区为南海湖外湖、Ⅲ区位于二道沙河东岸、Ⅳ区位于东河入黄口），总水面面积为692公顷，为黄河汛期、凌汛期及城市山洪蓄洪。

（四）为湿地野生动物栖息、繁殖的优良场所，改善包头城市生态环境

鸟类是自然生态系统的重要成员，是人类的朋友。但随着经济的发展，环境的恶化，野生鸟类的生存面临很大威胁，鸟类保护工作紧迫。作为生态文明建设的一个重要内容，鸟类保护需要得到进一步关注。南海湿地处于滩涂湿地类型，是黄河上游河段主要的鸟类迁徙停歇和栖息地，对维系生物多样性、保护珍稀鸟类种群有重要意义。包头市政府、东河区政府高度重视南海湿地保护，实现了"人鸟共家园"的和谐，让鸟儿有了栖息繁衍的天堂，让市民有了舒缓身心的乐园。

南海湿地的特殊生态条件为野生植物提供了生长的空间。而湿地植物在湿地生态系统中发挥着重要的作用，是湿地生态系统服务能力的基础。丰富多样的植物群落为湿地中的动物提供充足的食物资源和栖息环境，保护湿地要从保护湿地植物群落开始。通过对南海湿地的保护和开发，使湿地生态得到恢复，使南海湿地成为包头市的"碳库、水库、氧库、基因库、食品库"，改善了包头城市的整体生态环境。2020年，南海湿地成为内蒙古自治区第一批重要湿地，其已成为黄河流域湿地保护的典型和示范。

通过以上几项生态功能，发挥南海湿地风景区的生态作用，有利于落实包头市建设生态城市的发展战略，是包头生态文明建设的一个缩影。

二、助推落实包头市建设生态城市的发展战略

（一）为包头市民提供良好的生态公共产品

良好的生态环境是最公平的公共产品，坚持人与自然和谐共生，建设良好生态环境普惠民生福祉。近年来，包头市坚持只增绿、不减绿，深入实施城市硬化、绿化、亮化、美化、净化工程，不断拓展城市生态空间，先后获得联合国人居奖、中华环境奖、国家园林城市称号、国家森林城市称号、国家卫生城市称号……"半城楼房半城绿"的包头，早已成为市民的骄傲与荣光。

南海湿地管理机构认真落实党中央关于生态文明建设的精神，立足当前，放眼长远，加大投入和管理力度，不断优化景区环境，加强湿地保护工作，为丰富市民的文化生活提供更加广阔的平台，让更多的市民从中受益。在南海沿黄湿地一带，坚持保护性开发，发挥院士工作站作用，推进湿地生态修复、周围基础设施等项目建设，着力将南海及周边片区，建成集湿地风光、生态旅游、科普教育、休闲度假为一体的城市新片区。南海湿地以优美的环境、清新的空气，每天吸引着众多市民前来休闲娱乐。清晨，伴随着微风，除了跑步、步行、骑行的晨练者，还有这样一群人，他们吹拉弹唱、翩翩起舞，不仅给景区增添了一份情趣和活力，更丰富了市民的业余文化生活。

（二）创建自然学校，提升环境教育功能

为促进国内自然教育事业发展，发挥优秀环境教育场所的示范作用，培养自然教育专业人才，环保部宣教中心于2014年启动了国家自然学校能力建设项目，推广自然学校建设的三个一模式，即一间教室、一支环保志愿教师队伍和一套环保课程，并于2016年组织开展了自然学校试点征集活动，包头市南海湿地管理处积极申报并于2017年3月成功入选，成为内蒙古自治区唯一一家自然学校，充分发挥南海湿地风景区全国科普教育基地

的作用。2017 年，被环保部确定为"全国自然学校能力建设项目试点单位"（自治区唯一），同时被内蒙古自治区环保厅、教育厅命名为"自治区环境教育基地"。现已经完成了自然学校的初步建设，开展了 26 期课程及活动。

南海湿地自然学校的创建以自然教育、体验为主题定位，以学校为载体，以科普公益性为核心。目前，南海湿地自然学校课程由野外观鸟、植物微观、气象科普、湿地保护为主题，运用手作、职业体验等科学与实践技能模块组成，让孩子投入自然课的"科学派"中，互动学习，扩大思维认知，培养起他们对自然的热爱、科学的兴趣并愿意主动去探索了解它们。南海湿地自然学校为了让孩子们能更好体验湿地的魅力，还会更新、研磨课程，培训导赏师，共推出了 20 多门课程，培养了 15 名专业导赏师。这为包头市的自然教育事业打下了坚实的基础。自然学校每年都会结合每届世界湿地日主题开展相应的自然体验课。例如，2019 年的自然学校开展了以"湿地——应对气候变化"为主题的自然体验课，让参加活动的孩子们更好地了解湿地、爱护湿地和保护湿地。自然学校每年利用寒暑假，开设形式和内容丰富的自然课堂。例如在暑假开设疯狂一"夏"自然体验营，让孩子们在湿地中感受虫鸣鸟语，探寻自然奥秘，边玩边学。自然体验营结合南海湿地景区的特色，体验野外观鸟、湖心岛探秘、捕鱼的乐趣，让孩子们通过自己的身体感官探索自然，近距离观察鹏鹂、白鹭等鸟儿，记录自然生命历程，培养儿童热爱大自然、保护环境的意识。

为了推进南海湿地自然教育工作，进一步完善自然学校创建规划，提升团队的综合能力，2019 年 10 月，包头南海湿地自然学校组织相关业务人员召开工作研讨交流会，围绕自然学校的构建、课程丰富性、对外宣传力度及团队建设进行交流讨论。与会者群策群力，集思广益，各抒己见，为南海湿地自然教育工作的新发展献计献策。此外，为了办好自然学校，充分发挥其应有的作用，南海湿地自然学校还带领"自然导师"走出去，学习全国先进的自然教育理念。南海湿地自然学校于 2019 年 7 月 17 日至 20 日组织"自然导师"前往辽宁省盘锦市，参加由生态环境部宣传教育中心主办的"自然教育进校园教师研讨交流会"，与来自全国各地的教育者们共同探讨自然教育，进一步学习开展自然教育的新举措和新方式，这对南海湿地提高自然教育的水平有较强的指导作用。为了进一步深化南海湿地干部职工对于开展未成年人生态道德教育理念的认识，更全面的学习湿地鸟类生态知识，2019年7月29日上午，南海湿地自然学校项目组成员前往中国鸟类图片馆参观学习。聂延秋先生作为南海湿地自然学校名誉校长，还就如何开展未成年人生态道德教育工作提出了建设性意见，为南海湿地自然学校下一步工作指引了方向。

近年来，通过与各大院校合作，开设湿地课堂，在这个天然的大课堂内，青少年通过目睹和亲身体验，增加生物、生态、地理、资源保护和利用等方面的知识，从小培养他们保护自然资源，善待地球，保护家园的自觉性。南海湿地自然学校的创建补充了正规环境教育，深化校园环境教育，提升环境教育的功能，成为公众环境教育的新平台，并将为自然学校的广泛开展奠定基础，全面助推生态文明建设。

（三）促进包头市湿地资源保护工作的全面发展

环境保护是各级政府的一项目标责任，对于拥有湿地资源的包头市而言，湿地资源的保护工作是该责任目标的组成部分。《环境保护法》构建了我国环境保护目标责任制度。其中第二十六条规定："国家实行环境保护目标责任制和考核评价制度。县级以上人民政府应当将环境保护目标完成情况纳入对本级人民政府负有环境保护监督管理职责的部门及其负责人和下级人民政府及其负责人的考核内容，作为对其考核评价的重要依据。"对于包头市而言，一方面，市政府及主要负责人、环境保护主管部门和相关部门及其负责人有保护湿地的责任和义务。另一方面，市政府要确定湿地保护目标责任和考核评价制度。目标责任的确定与考核评价是环境保护目标责任制不可分割的两个方面。相关主体必须推动湿地保护工作，落实湿地保护目标责任制。在《包头市关于全面加强生态环境保护坚决打好污染防治攻坚战的事实意见》中，就强调了要加强湿地保护与恢复。加快包头黄河国家湿地公园建设，重点打造小白河、南海子、昭君岛等旅游风景区，推进黄河湿地科研定位研究站、湿地派出所等基础设施建设。

现在南海子湿地自然保护区管护中心作为负责南海湿地日常管理的管理机构，组织实施湿地保护规划，贯彻执行有关湿地保护的法律、法规和方针政策；制定湿地保护区的保护管理制度并组织实施；调查湿地保护区的自然资源，组织实施环境监测，建立并及时更新湿地资源信息档案；做好湿地保护区内的防灾害、防污染的预察防范工作，制定保护工作的应急预案；负责湿地保护区界标的设置和管理；在不影响保护自然环境和自然资源的前提下，在湿地保护区实验区内组织开展参观、游览和其他活动；建立湿地科普教育基地，开展湿地保护宣传教育，普及湿地保护知识；依法保护湿地保护区内自然景观、水体、林草、野生动物、生态环境、公共设施，维护管理秩序，查处纠正违法行为。南海湿地管护中心职责的落实促进湿地保护工作的升展。

南海湿地管理机构创新湿地保护方式，推动包头市生态文明建设。在湿地保护方面，他们重点推动和完善立法、执法和普法三方面工作，促进湿地保护治理体系和治理能力的提升。第一，积极推动湿地立法工作，结合湿地保护的具体实践，对相关立法提出了修订意见。第二，强化行政执法工作，建立健全执法机构，加强执法保障，形成政府领导、司法机关支持、行政执法部门参与的共同保护湿地联动机制。第三，加强湿地普法宣传。

三、推动东河区及包头市区域生态文化旅游产业的发展

加快文化和旅游融合。立足全市文化资源和旅游资源优势，充分发挥文化的灵魂作用和旅游的载体作用，强化文化旅游部门合作机制，策划实施融合示范项目，促进文化资源向旅游产品转化。深入挖掘旅游资源的文化内涵，提高旅游目的地的文化品位，增加旅游产品的生命力和吸引力，实现文化产业和旅游产业良性互动、共赢发展。将产业生态化，生态产业化。

推动包头市文体活动的开展。为进一步加强文旅融合，体现"旅游+"的全域旅游和四季旅游发展理念，2019年1月，包头市第五届全国大

众冰雪季系列活动启动仪式和第十二届南海湿地冰雪节在南海湿地景区举行。活动将传统文化与冬季体育运动有机融合，以冰雪促体育，以体育带冰雪，全方位展现包头大众体育成果。

南海湿地景区优美的湿地风光、清新的空气、平整的健步道及完善的基础设施为创办体育活动提供了良好的基础。包头市东河区教育局已经连续十年选择南海湿地景区作为东河区中小学冬季长跑比赛场地。例如，2019年11月21—22日，包头市东河区2019年中小学冬季长跑比赛在南海湿地景区举行，来自东河区3所高中、10所初中、24所小学的七百多名学生参加了比赛。另外，南海湿地景区先后举办了南海湿地冰雪节、横渡南海湖、包头市第五届钓鱼比赛、包头首届南海湿地长跑节暨48小时马拉松接力赛、相约南海周六健步行等多项体育赛事活动，已成为包头市举办体育赛事的首选场地。

南海湿地景区作为包头市旅游线上的重要节点，以其良好的生态环境和不断举办的体育竞赛等为载体，将南海湿地长跑节作为"文旅体"融合发展的重要实现路径之一，更好地促进南海湿地文旅体产业进一步发展。2020年，南海湿地景区继续贯彻落实《全民健身条例》和《全民健身计划》，以建设智慧体育公园为目标，继续向户外体育产业基地建设迈进，举办优质的体育活动和赛事，营造人人参与、共享健康的体育氛围。

四、科学规划，彰显包头特色，传承包头历史文化

在科学指导下，走出了一条符合南海实际的特色之路。将南海湿地景区与黄河湿地国家公园结合起来发展，在沿黄河一线已建成165公里以堤代路的生态游览走廊，以及河道湿地天然景观带、绿化防护带、田园湿地风光带。昭君岛、小白河、黄河谣、湿地风情园、温泉水世界等项目景点如珍珠般点缀其中，沿黄一线正在成为包头南端的一条绿色生态走廊。根据《包头市南海湿地及周边地区总体规划与适度开发区详细规划》（2016—2025年），南海湿地风景区将展现走西口文化和当地少数民族文化，融入河道景观，建设游憩体验；根据走西口历史主题增加特色构筑

物；将走西口历史记忆融入市民生活。

2019年9月，南海湿地景区把经过改造升级的南海湿地风情街正式对广大游客及市民开放。这里不仅集聚了各色小吃美食，特色商品，更有美轮美奂的灯光让人流连忘返。南海商业街体现包头历史文化。历史上的老包头曾是商贾云集的商旅重镇，商业的繁华刺激了茶馆业的繁荣，无论商人还是百姓都愿意到茶楼谈生意、聊家常。为了让包头市民和游客体验老包头茶楼的特色，南海湿地景区特打造了南海子茶楼，游客可以一边喝着浓酽酽的砖茶，一边吃着热气腾腾的烧麦，体会动中有静的惬意感觉，享受包头的特有美食。

第三节　南海湿地风景区发挥作用的制约因素及应对措施

南海湿地风景区的生态系统对包头市、东河区发展不仅有着重要的作用，还发挥着重要的生态服务功能。但基于目前的现状，仍有一些制约因素会影响其作用的发挥。

一、影响南海湿地风景区发挥作用的制约因素

（一）土地利用方式的改变对湿地的威胁

南绕城公路呈东西走向，穿越了南海湿地自然保护区，并将保护区大致上分为南北两个部分，其中公路以南为缓冲区和核心区地带，而实验区则主要位于公路以北。同时，由于物流需要，两条浮桥路横贯保护区南北，北自南绕城公路起始，南至黄河岸边，增加了对该地区的人为干扰，使该地区的湿地生境破碎化。

（二）陆地与水面之间生态过渡带面积减少

湿地处于陆地和水体的过渡地带，形成了不同于陆地和水体的特殊生

境条件，为保护生物多样性提供了不可替代的作用。湿地是许多动植物资源生长繁育的场所，是有价值的遗传基因库，对维持野生物种种群具有重要意义。而这一过渡地带面积减少，将直接威胁生物多样性。黄河大坝的修建、水域清淤工程的实施造成保护区陆地与水面之间的生态过渡带总面积减少。二海子的清淤治理工程使该区域湖水深度增加，使保护区陆地和水面之间的界限更加清晰，二者之间的过渡地带有所减少，从而造成了生长在陆地与水面之间生态过渡带的湿生草本植物物种丰富度降低。

（三）湿地补充水量减少

南海湖及周边黄河湿地现在主要水源为黄河调水及大气降水，需要向东河、西河、留宝窑水库调水。上游乌海大坝的建设导致凌汛分洪量骤减，水体面临水量失衡危机。

近年来，随着黄河沿岸城镇的发展、农业灌溉用地的增加，黄河包头段上游的用水量逐年增加，黄河水位下降，在非汛期对保护区湿地的水量补充下降；同时黄河沿岸的开发以及防洪堤坝的兴建使得黄河漫滩地区土壤硬化，水分吸收能力下降，从而使暴雨时期流经保护区的水流加快，洪峰流量增加，湿地对水流的相对吸收能力下降，造成湿地在汛期得到的补充水量减少。伴随着黄河漫滩土地的开发以及自然泥沙沉积，黄河沿岸的土地表面抬高，增加了黄河主干流的地表径流向湿地保护区补水的难度。

（四）废水、废物对湿地的污染

湿地已经成为工业、农业、生活废水、废渣的承泄区。大量的工业废水、废渣、生活污水和农用化肥、农药等有害物质被排入湿地。南海湿地保护区毗邻市区，附近居民区的生活污水沿着四道沙河排入保护区水域，成为湿地水体富营养化的潜在污染源，水质严重下降。随着地区经济的发展，工业废水的排放以及日益增加的人口密度对保护区的环境造成了较大的生态压力。南海湖及周边黄河湿地主要污染源为黄河（主要为泥沙等固体悬浮物）、农业面源污染、其他地表冲刷。湖体底泥中氮、磷含量高，并有重金属、石油烃、多环芳烃等沉积物，存在二次污染的危险。相关研究表明，南海湿地的水质受污染物 COD 和 TN 的影响最显著。主要是由于生活污水的无序排放和南海湿地水动力条件差的原因，导致多年来径流带入湿地的污染物总量远远超过了其自净能力。[①]

（五）破碎化生境的负面影响

破碎化的生境容易被外来因素干扰，所造成的空生态位为外来植物的入侵创造了机会，这对于自然生态系统具有很大的威胁。破碎化生境限制了南海湿地鸟类的活动范围，导致天鹅等大型鸟类失去了栖息地，只有小型个体的种群生存。

（六）湿地保护资金不足的问题

湿地保护资金不足严重制约湿地保护与开发工作。湿地保护与开发工作需要大量的经费支持，仅靠中央财政和地方财政的专项经费支持是远远不够的，尤其是地方财政有限，这一突出的矛盾严重地制约了湿地的保护和开发建设。南海湿地的修复需要大量修复经费，为解决这一问题，南海湿地管理部门一方面通过向有关部门申请建设立项，获得相应的财政支持。例如：2008 年，《内蒙古南海子湿地自然保护区湿地保护建设项目》获得国家林业局立项批复，投资 668 万元，其中国家投资 534 万元。2013 年申报《内蒙古南海子省级湿地自然保护区湿地保护工程建设项目》，并列入了国家"十二五"湿地保护规划，该建设项目预算总投资 2991. 61 万元，拟申请国家投资 1196. 644 万元，地方配套 1794. 966 万元。由于该项目资金迟迟未能拨付，经过多方努力争取到部分专项资金，主体工程于 2019 年 6 月才开工建设。另一方面，由管理部门通过多种途径筹措湿地保护资金。例如通过银行贷款、招商引资等方式。

---

① 樊爱萍等：《包头市南海湿地水污染现状与防治对策研究》，载《环境污染与防治》，2017，39（12）：1335～1336 页。

二、应对制约因素的对策

上述制约因素影响了南海湿地风景区发挥其生态系统应有的正外部性的作用。所以，必须采取相应的对策解决。南海湿地管理机构主要采取了以下对策：

（一）合理有效控制人类活动的干扰

严格按照片区功能合理分区管理。湿地保护核心区尽可能保持自然生态，不增加人造景观；缓冲区内尽量少做人为改造；景观游览区合理规划，合理引进观赏植物，避免外来物种入侵。

将新南绕城公路迁移至二海子南部，黄河大堤北面，并在黄河大堤景观大道北坡与保护区湿地南缘间建立隔离屏障，将南绕城公路包裹。旧南绕城公路遗留的路基可以作为鸟岛，为珍稀鸟类遗鸥等提供更好的栖息环境。旧南绕城的拆除和新南绕城的全线封闭，将大大降低机动车辆和人为活动对鸟类栖息环境的不良影响，同时也降低了对二海子区域水质的污染。

（二）增加补水途径，解决湿地补水

利用污水处理厂升级、人工净化湿地建设的有利契机，将人工净化湿地的出水作为自然湿地的主要水源。通过新的城市防洪体系——城市海绵系统的建设，引导周边地块径流进入湿地，充分利用雨水资源，补充地下水及景观用水。考虑黄河仍存在的凌汛分洪需求，将其定为备用水源。2014年投资700万元新建了进水渠和泵船，确保了南海湿地一年四季得到补水。2018年新建了5个生态补水涵闸，实现了湿地功能区生态补水和水系连通。水作为湿地的生命线尤为重要，它直接影响湿地生态平衡、旅游开发、生产养殖等。为防止生态退化，保障旅游生产正常运转，结合湿地实际，从2019年6月起开展湿地补水工作。补水工作开展之初，南海湖日补水量可达3.33万立方米左右。但是，7月下旬开始受到黄河流域变迁、

涨幅不定、气候变化以及杂草堵塞的影响，补水工作被迫暂停，甚至导致原有提水堤坝被冲毁，提水泵船稳固困难，使得补水工作一度陷入困境。为尽快恢复补水工作，专业技术人员通过多方咨询，历经1个多月的不断摸索实践，发现黄河回水弯处提水泵船较为平稳，控制容易，水深亦能达到提水标准，定期进行杂草清理即可满足补水工作需求。专业技术人员将继续探索新的提补水方式，进一步提高工作效率，保障湿地生态持续发展。截至2023年10月，南海湿地管护中心协调市水务局、区农牧局对湿地生态补水设施设备进行升级改造，对生态补水引水渠道进行清淤，全年将对湿地进行生态补水约400万立方米。①

（三）解决南海湿地风景区水污染问题

水是湿地的灵魂，要恢复湿地生态，必须切断水污染源。2006年9月以前，污水未经处理，分别从三个排污口直接排入南海湖，造成南海湖严重污染，排污口附近的湖水富营养化程度升高，湖水变质，出现了部分水生物死亡现象。针对南海湖被污染问题，包头市、东河区两级政府高度重视，市政管理处加班加点进行排污管线建设，2006年9月将排污管线全线贯通，使排入南海湖的污水全部引入东河污水处理厂，该工程将彻底根治南海湖的污染问题及周边二里半地区的污水排放问题。② 2006年11月，包头市南海公园管理处启动了总投资为2140万元的南海湖水污染治理工程，至2007年2月完成湖底清淤和补水工作。

在治理面源污染方面，将利用城市海绵系统，净化传输建成区地表雨水；建立水体周边植被缓冲带，净化农业面源污染，赋予景观绿化带生态缓冲的功能。净化二道沙河、东河污水处理厂尾水并将其作为黄河湿地的水源。合理配置人工湿地，并设置水质监测系统对污水处理厂尾水进行处理。对南海湖及二海子进行清淤，清淤后进行场外固化，固化产物可作为

---

① 数据由南海湿地管护中心2023年10月提供。

② 虞炜、刘彬、赵丽：《加强包头南海的保护和管理，发挥城市湿地的生态功能》，载《内蒙古林业》，2007（6）：9页。

堤坝填充材料，或可作为绿化土壤，引进植物进行土壤净化，运用植被进行生态修复。

（四）治理南海湿地的粉尘污染

在包头市、东河区两级党委和政府的支持下，南海湿地管理机构获得了相应的执法权，清理了南海湖附近的 17 个煤场，杜绝了粉尘污染。恢复了南海湿地自然生态环境，空气清洁度大幅提高。一改过去尘土飞扬、煤灰四溅、煤粉污染严重的环境。清理南海湖西岸沿线 120 亩的垃圾场，修复西岸保护区土地 80 亩，拆除了影响景区透水见绿的包伊公路沿线住宅区域 60 亩。

（五）加强生境保护力度

通过南海湿地修复工作的综合实施，优化生境类型，进一步加强南海湿地濒临消亡的自然植物物种保护工作，同时不断开展可持续性发展循环经济链等方面的实验研究，以便更科学地保护湿地丰富多样的生境，保护湿地特有动植物物种和种群。2023 年完成了保护区智能管理平台搭建，为保护区内的物种资源、设备资源、生态资源、鸟类资源等本底资源搭建起自然保护区监测管理一张图，达到足不出户，通过电脑大屏等设备随时了解获取保护区内的本底资源指标情况，为湿地保护管理提供有效的数据支撑。

（六）南海湿地以湿地保护为中心，多方争取资金促进发展

南海湿地管理机构多方争取资金。先后向林业、环保、科协、科技、财政、城建、旅游、水利等上级部门争取湿地保护资金，实施了《内蒙古南海子省级湿地自然保护区湿地保护建设项目》《包头黄河湿地生态修复项目》《2016 年湿地保护补助资金项目》等。建立了湿地保护执法办公场所、瞭望塔和监控中心；建立了中国黄河湿地博物馆——鸟类图片馆；新建了 5 个生态补水涵闸，实现了湿地功能区生态补水和水系连通。总而言之，通过政府投资、自筹资金、招商引资、银行贷款等多种方式解决资金问题。

（七）加强南海湿地景区人才队伍建设

一要全面提升景区旅游人才素质。让湿地景区相关人员到全市各大院校设立的旅游专修学院和旅游人才培训基地参加培训，进行精细化教育，接受旅游领域理念，提高职业素质和管理服务水平。不断加大地接导游、小语种导游、旅游营销人才的培训力度。

二要加强景区管理人员素质，提高他们对景区发展的认识，高瞻远瞩，围绕南海湿地的保护与开发，作出科学的景区规划。

三要培养文化创意产业人才，为文旅产业的发展壮大提供保障。立足本土文创人才，完善人才培育和激励机制。加大人才扶持引导力度，进行专业化培养、个性化培养，营造良好的文化创意创作人才成长发展环境，促进文化产业高质量发展。

第四章　包头市南海湿地风景区的
保护与开发利用

南海湿地风景区在开发利用湿地资源时，坚持"以法治湿、以科兴湿、以宣知湿、以产促湿"的保护措施，取得了显著成果。

第一节　南海湿地风景区对鸟类资源的
保护与开发利用

一、南海湿地风景区鸟类概况

如前所述，南海湿地是我国西北干旱与半干旱地区的一块典型的黄河滩涂湿地，地处黄河上游，属于高纬度黄河湿地。南海湿地成为候鸟们的天堂，有其得天独厚的优势。首先，每年黄河规律性的水涨水落滋养了这片土地，并带来了丰富的食物。鲜嫩的草籽、嫩叶、浅水处的水生生物、适宜的水温再加上有效的保护，为众多鸟类提供了良好的栖息环境。其次，多样的生态区也为各种鸟类提供了适宜的栖息繁育的场所。南海湿地有浅水湖泊、大片的芦苇地、盐碱沙滩、灌丛和农田等，使得湿地的鸟类呈现多样性的特点。最后，南海湿地区域位于国际鸟类"中亚迁徙线"与"东亚和澳大利亚迁徙线"片区交界带，是全球候鸟迁徙路线中的重要一站。南海湿地的地理位置、丰富的食物和适宜的栖息环境，吸引了大量迁徙季节的过境旅鸟在此停歇，为它们提供了食物和能量的补充。

　　南海湿地是研究黄河滩涂地演变及鸟类与环境关系的理想基地，是帮助其恢复种群数量，并为过境旅鸟提供迁徙线路上的停留点。鸟类是南海子湿地内最丰富的动物类群，因此保护珍稀鸟类也是其主要保护对象。截至 2023 年 10 月，南海湿地的鸟类共有 17 目 51 科 122 属 232 种，被发现记录的国家重点保护鸟类有 49 种，占保护区鸟类种数的 21.12%。其中国家 I 级重点保护鸟类 11 种，包括遗鸥、黑鹳、白尾海雕、大鸨、金雕、卷羽鹈鹕、乌雕、草原雕、猎隼、小青脚鹬、青头潜鸭。国家 II 级重点保护鸟类 38 种，包括白琵鹭、疣鼻天鹅、大天鹅、小天鹅等。

南海湿地风景区重点保护鸟类统计表

序号	保护鸟类名称	保护级别
1	遗鸥	I 级
2	黑鹳	I 级
3	大鸨	I 级
4	白尾海雕	I 级
5	金雕	I 级
6	卷羽鹈鹕	I 级
7	乌雕	I 级
8	草原雕	I 级
9	猎隼	I 级
10	小青脚鹬	I 级
11	青头潜鸭	I 级
12	大天鹅	II 级
13	小天鹅	II 级
14	疣鼻天鹅	II 级
15	白琵鹭	II 级
16	角鹈鹕	II 级
17	黑颈鹈鹕	II 级
18	鸳鸯	II 级

序号	保护鸟类名称	保护级别
19	鹗	Ⅱ级
20	白腹鹞	Ⅱ级
21	白尾鹞	Ⅱ级
22	雀鹰	Ⅱ级
23	苍鹰	Ⅱ级
24	普通鵟	Ⅱ级
25	大鵟	Ⅱ级
26	毛脚鵟	Ⅱ级
27	红隼	Ⅱ级
28	红脚隼	Ⅱ级
29	灰背隼	Ⅱ级
30	燕隼	Ⅱ级
31	红喉歌鸲	Ⅱ级
32	游隼	Ⅱ级
33	灰鹤	Ⅱ级
34	蓑羽鹤	Ⅱ级
35	小杓鹬	Ⅱ级
36	雕鸮	Ⅱ级
37	蓝喉歌鸲	Ⅱ级
38	纵纹腹小鸮	Ⅱ级
39	长耳鸮	Ⅱ级
40	短耳鸮	Ⅱ级
41	蒙古百灵	Ⅱ级
42	云雀	Ⅱ级
43	阔嘴鹬	Ⅱ级
44	翻石鹬	Ⅱ级
45	白腰杓鹬	Ⅱ级
46	大杓鹬	Ⅱ级

续表

序号	保护鸟类名称	保护级别
47	花脸鸭	Ⅱ级
48	斑头秋沙鸭	Ⅱ级
49	鸿雁	Ⅱ级

（一）南海湿地鸟类资源的特征

南海湿地风景区的鸟类资源呈现以下特征：

一是鸟类的组成中，古北界种类占有明显的优势，且夏候鸟和旅鸟的总种数超过留鸟的种数。根据南海湿地自然保护区鸟类名录可知，其中古北界鸟类163种，占该区域鸟类总数的70.26%；东洋界鸟类8种，占该区域鸟类总种数的3.45%；广布种57种，占该区域鸟类总数的24.57%。① 南海湿地的鸟类以夏候鸟和旅鸟为主，根据调查结果统计，南海湿地夏候鸟和旅鸟的种数为182种，占该地区所有鸟类总种数的78.45%。南海湿地的留鸟仅有27种，占所有鸟类总种数的11.64%。

二是南海湿地鸟类区系呈现蒙新地区和华北地区鸟类相互渗透的过渡性特征。由于南海湿地地理位置的原因，除大杜鹃等华北区常见种类以外，一些属于蒙新区的种类如凤头百灵、大鸨等也向此区域渗透。

三是南海湿地具有多样的生态区，分别生活着多样的鸟类。如前所述，南海湿地有明水面、浅水沼泽区、湿生草甸、灌丛林地等多样的生态区，为不同的鸟类提供了适宜的场所。南海湿地大约有713平方千米的明水面，由分布于湖面的芦苇和香蒲把湖面分割成不同形状和大小的明水区，为过境的水鸟提供了良好的栖息地。南海湿地水鸟数量103种，约占鸟类的44.4%。② 在明水面湿地游禽和涉禽数量较多，主要有雁鸭类、白骨顶、赤麻鸭、苍鹭、赤膀鸭等。南海湿地的浅水沼泽区是由于黄河凌汛期间黄河水淹没湿地

---

① 数据由南海湿地鸟类名录计算得出。
② 数据由南海湿地鸟类名录计算得出。

退水后形成的浅水水域，是鹭类、鸻鹬类等涉禽喜欢觅食的地方。常见的鸟类有：大白鹭、苍鹭等鹭类；凤头麦鸡、黑翅长脚鹬、金眶鸻、黑尾沙锥等鸻鹬类；赤嘴潜鸭、鹊鸭、琵嘴鸭、针尾鸭等鸭类。在南海湿地还有千余公顷的湿生草甸，每年夏季，大片水草长出水面，须浮鸥、凤头䴙䴘等鸟类在水草中筑巢。在南海湿地的东南部还分布着1000余公顷的农田，这里生活着大量麻雀、凤头百灵等雀形目鸟类。它们以农作物及其种子为食物，为迁徙提供补给。此外，在南海湿地还有200余公顷的灌木林地，这些灌丛林为毛脚鵟、红隼、夜鹭等提供停歇地和果实。南海湿地还有一些盐碱化荒漠植被区，为雀形目小鸟提供了充足的食物，这里常见的小鸟有：凤头百灵、三道眉草鹀、灰伯劳、戴胜、红隼等。[①]

四是南海湿地的鸟类表现出相对固定的活动规律。随着一年四季气温和环境的变化，飞到南海湿地的鸟的种类也出现变化，但具有相对固定性和季节性。南海湿地春季鸟类种类丰富，并且具有明显的古北界鸟类区系特征。据统计，春季南海湿地有 3 种优势种，分别为白眼潜鸭（18.93%）、红头潜鸭（12.04%）、白骨顶（11.26%）；有 13 种常见种，分别为红嘴鸥、凤头䴙䴘、凤头潜鸭、黑翅长脚鹬、绿翅鸭、赤嘴潜鸭、麻雀、绿头鸭、普通燕鸥、鸬鹚、琵嘴鸭、赤颈鸭和赤麻鸭；有 36 种偶见种，分别为大白鹭和鹊鸭等。[②] 例如，每年 2 月中旬至 5 月初为鸟类迁徙求偶期。以大、小天鹅为代表的雁鸭类和少量的鸥类逐批迁徙到南海湿地，在这里补充能量。3 月达到迁徙高峰期，随着黄河水逐渐消融退却后，大部分雁鸭类鸟迁离湿地，只有少部分赤膀鸭、赤嘴潜鸭和白眼潜鸭在此求偶、营巢。以 2016 年春季的调研为例，3 月初南海子中的冰开始融化，观察到的鸟类主要有大天鹅、赤麻鸭、绿头鸭、白眼潜鸭、红嘴鸥、红头

[①] 虞炜主编：《内蒙古南海子湿地鸟类》，7～8 页，北京，中国林业出版社，2017。

[②] 卞晓燕、苗春林、司万童、贾晋、毕捷、张明钰：《2016 年春季包头南海子湿地鸟类多样性调查》，载《湿地科学》，2018，16（3）：348 页。

潜鸭等。其中，大天鹅数量较多，占3月鸟类总数的9.17%。①到了4月初，南海湿地大部分冰面消融，水中的鱼、虾、浮游生物等比较丰富，为杂食性鸟类鹬类、雁鸭类等提供主要食物来源，䴙䴘类、鸥类和大型涉禽类逐渐迁徙到此，觅食、营巢，准备繁殖。至此，南海湿地4月的鸟类种类多，物种个数数量稳定。例如有黑翅长脚鹬、反嘴鹬、普通燕鸥、红嘴鸥、灰翅浮鸥、大白鹭、白琵鹭、夜鹭等。5月初至9月上旬为湿地候鸟繁育期和育雏期。其中7月是湿地候鸟繁育高峰期，凤头䴙䴘、反嘴鹬、普通燕鸥、灰翅浮鸥、白骨顶等鸟类先后到南海湿地繁殖。7月中旬到9月初为育雏期，成鸟带着幼鸟在湖面觅食、饲喂。而每年的9月中下旬至11月中旬是候鸟南迁期，以黑尾塍鹬、鹤鹬及红脚鹬为代表的鹬类，以红头潜鸭、绿头鸭为代表的雁鸭类等大量鸟类再次迁徙到南海湿地。10月以后随着气温降低和食物减少，候鸟也逐渐迁离湿地。11月下旬至次年2月中旬为留鸟越冬期，只有赤麻鸭和绿头鸭在没有完全封冻的黄河或活水区采食。②南海湿地已经连续六年发现3000～5000只赤麻鸭、绿头鸭等在南海湿地越冬。总之，南海湿地的春季和秋季是候鸟迁徙的高峰期，鸟类种类和数量较多，种类组成不稳定。冬季和夏季鸟类的种类和数量相对较少，种类组成相对稳定。③

我们重点介绍一些南海湿地重点保护的鸟类。

1. 遗鸥

遗鸥意为"遗落之鸥"，遗鸥的命名只有90年，真正被认识还不到40年，是最晚被科学界研究的一种鸥类。它们只在干旱荒漠湖泊里生育后代，被称为高原上"最脆弱的鸟类"。④属于旅鸟，被列为国家Ⅰ级重点保护野生动物，属于世界珍稀濒危鸟种。在国际上，遗鸥是为数甚少的几个

① 卞晓燕、苗春林、司万童、贾晋、毕捷、张明钰：《2016年春季包头南海子湿地鸟类多样性调查》，载《湿地科学》，2018，16（3）：348页。
② 虞炜主编：《内蒙古南海子湿地鸟类》，8～9页，北京，中国林业出版社，2017。
③ 虞炜主编：《内蒙古南海子湿地鸟类》，11页，北京，中国林业出版社，2017。
④ 苗春林主编：《遗鸥研究与保护》，4页，北京，中国林业出版社，2014。

同时被列入 CITES 和 MSC 附录 I 的鸟种之一，在世界自然保护联盟（IU-CN）所发布的或类似的出版物中一直被列为受威胁鸟种。

遗鸥（陈学古　拍摄）

遗鸥全长约为 46 厘米，虹膜棕褐色，嘴、跗蹠和蹠呈暗红色，爪黑色。夏羽上体灰色，头近黑色，上、下眼睑白色独特醒目。颈、胸、腰呈白色，两翼灰色，初级飞羽远端黑白相间，羽翼折合时形成明显的花斑。冬羽全身大致白、灰两色，眼后、头顶、颈部有黑色斑。遗鸥习惯栖息于草原、沙漠中的湖泊、沼泽，以水生无脊椎动物及水生昆虫为食。它的适应性很狭窄，尤其对繁殖地的选择更是近乎苛刻，它只在干旱荒漠湖泊的湖心岛上生育后代。它的繁殖期在 5—7 月，营巢于沙岛上，每窝产卵 2～3 枚，孵化期 24—26 天。

遗鸥属于旅鸟，每年 4 月中旬飞临南海湿地，停留半个月的时间，随后继续飞往内蒙古部分地区和蒙古国进行繁殖。据监测统计，2008 年，南海湿地监测到遗鸥 20 余只；2009 年监测到遗鸥 50 余只，发现 6 只遗鸥幼鸟；2010 年猛增至 5000 多只；2011、2012 年监测到的遗鸥种群数量在 2000～3000 只；2013 年遗鸥数量最高峰达 5000 余只。根据监测数据显示，

2016年4月监测到的遗鸥数量较为集中,占当月观察到的鸟类总数的17.74%。[1]

2. 黑鹳

黑鹳别名乌鹳,是世界濒危珍禽,全球目前不超过3000只,我国有1000多只,[2] 是我国国家Ⅰ级重点保护野生动物,珍稀程度不亚于大熊猫,被称为"鸟类中的大熊猫"。黑鹳曾经繁殖于整个亚欧大陆古北区范围,在北纬40°~60°的整个区域,也繁殖在南非。在我国分布广泛,除西藏外,见于各地。近十几年来,黑鹳种群数量在全球范围内明显下降,繁殖分布区急剧缩小,从前的繁殖地如瑞典、丹麦、比利时、荷兰、芬兰等国目前已经绝迹。我国的黑鹳繁殖区集中在辽宁朝阳、山西灵丘、宁武和四川理塘等地,大的种群也不多见。[3] 黑鹳属于鸟纲,鹳形目,鹳科,为大型涉禽,体态优美,体色鲜明,活动敏捷,性情机警。其全长约105厘米,虹膜呈暗褐色;嘴长且粗壮,红色;跗蹠和蹠呈红色。头、颈、翅、背和尾黑色,有紫绿色光泽;下胸浓褐色,后胸、腹、两胁白色。

黑鹳(黄进 拍摄)

① 卞晓燕、苗春林、司万童、贾晋、毕捷、张明钰:《2016年春季包头南海子湿地鸟类多样性调查》,载《湿地科学》,2018,16(03):350页。

② 侯锋:《黑鹳繁育物候期监测》,载《林业科技通讯》,2019(12):42页。

③ 山西灵丘黑鹳省级自然保护区管理局编:《山西灵丘黑鹳省级自然保护区》,112页,北京,中国林业出版社,2017。

　　黑鹳是典型的湿地鸟类，习惯栖息于河流、水塘、湖泊等水域岸边和附近沼泽湿地，以鱼、蛙和甲壳类动物为食。[1] 其平均每小时进食约 20 次，取食长度以小于 4 厘米的鱼类最多，占取食总次数的 65%。黑鹳寿命较长，生命周期 25 年，性成熟较晚，一般为 4 年以上才寻找配偶开始孵育后代。[2] 繁殖期 4—7 月，在树上或岩壁石缝中筑巢，每窝产卵 3 ~ 5 枚。黑鹳在南海湿地本地少见，属于旅鸟。根据南海湿地监控数据显示，近十年只发现黑鹳 4 只。

　　3. 大鸨

　　大鸨俗称野雁、独豹、羊须鸨、地鵏等，属于鸟纲，鹤形目，鸨科，属于国家 I 级重点保护野生动物。大鸨为多型种鸟类，分为指名亚种和东方亚种，在我国境内，大鸨的两个亚种均有分布，而东方亚种的生存形势尤为严峻，种群数量不超过 1200 只。[3] 20 世纪初期，大鸨曾在亚欧大陆的草原及部分半荒漠地带广泛分布，随着世界人口数量的迅速增长，人类活动的干扰和影响日益加剧，加之毫无节制的投毒和捕猎活动，导致 20 世纪 50 年代大鸨的种群数量不断下降趋于灭绝。

大鸨（黄进　拍摄）

　　① 虞炜主编：《内蒙古南海子湿地鸟类》，31 页，北京，中国林业出版社，2017。
　　② 山西灵丘黑鹳省级自然保护区管理局编：《山西灵丘黑鹳省级自然保护区》，114 ~ 115 页，北京，中国林业出版社，2017。
　　③ 程铁锁、何冰、程孝宏等：《陕西黄河湿地大鸨受伤原因初探》，载《陕西林业科技》，2011（6）：51 ~ 53 页。

大鸨的雄鸟全长约 100 厘米，雌鸟全长不足 50 厘米。雌雄体型相差悬殊，是现在鸟类中体型差别最大的种类。虹膜呈暗褐色，嘴铅灰色，先端接近黑色。大鸨跗蹠和蹼呈褐色，只有 3 趾，爪呈黑色。头颈灰色，羽冠不明显。上体余部呈淡棕色，有宽窄不一的黑色横斑。下体及尾部下覆羽呈白色。它的颈和腿比较粗壮，没有后趾，前 3 趾也比较粗大，适于奔走。其雄鸟的下颏两侧生有白色丝状羽。大鸨为大型草原鸟类，喜欢生活在开阔平坦的地区，包括荒漠、干旱草原、湿地等景观生态环境，而避开陡峭多石的不开阔地形。主要以植物为食物，也食昆虫、小型哺乳动物、雏鸟等。其繁殖期为每年的 4—7 月，营巢于草原地面上的天然凹石内，每窝一般产卵 2~4 枚。国内繁殖于内蒙古、黑龙江、吉林等地的平原地区，新疆北部为留鸟。[1] 大鸨在南海湿地偶见，属于旅鸟。据监测数据近十年来发现大鸨 8 只。

大鸨是一种在行为上高度敏感的鸟类，可能与其体型大、易受到外界干扰有关，在漫长的捕杀与反捕杀的生存斗争中，大鸨为了适应严酷的生存压力，逐渐形成高度敏感的性格，对外界环境的变化异常敏感，特别容易受到惊吓。在孵卵前期，大鸨受到干扰后往往弃巢而导致繁殖成功率大幅度下降。[2]

4. 白尾海雕

白尾海雕又叫洁白雕、芝麻雕、黄嘴雕，属鸟纲，隼形目，鹰科，是一种大型猛禽。除繁殖期有幼鸟伴随外，均单独生活，飞行较迟缓。由于环境污染、生境丧失和乱捕滥猎等人类压力的增加，白尾海雕种群数量在它分布的大多数地区均已明显减少，在我国属于国家 I 级重点保护野生动物。白尾海雕为波兰的国鸟，我国于 1992 年首次在新疆发现，但在全国各地分布都较为稀少。

---

① 虞炜主编：《内蒙古南海子湿地鸟类》，90 页，北京，中国林业出版社，2017。
② 吴逸群、王志平、程铁锁、许秀、沈杰：《大鸨的保护生物学研究》，载《渭南师范学院学报》，2016（10）：10 页。

白尾海雕（黄进　拍摄）

白尾海雕全身长约 84~91 厘米，虹膜、嘴和蜡膜都呈黄色；跗蹠和趾也呈黄色，爪呈黑色。其全身呈褐色，胸羽略浅，背部有深色点斑。其两翼呈黑褐色，翼下覆羽呈深栗色。短尾呈楔形，尾羽是白色或基部呈褐色。雌鸟和雄鸟的形态特征长得相似。幼鸟体羽接近成鸟需要 5 年，不同年龄的亚成体羽色均有变化。白尾海雕习惯栖息在河、湖及沿海周围，主要以鱼类为食，常在水面低空飞行，发现鱼后利用爪伸入水中抓捕。此外，也捕食鸟类和中小型哺乳动物，如各种野鸭、大雁、天鹅、鼠类、野兔、狍子等，也吃腐肉和动物尸体。白尾海雕的食量很大，但它们也很耐饥饿，它们可以 45 天不吃食物而安然无恙。① 其繁殖期在每年的 4 月至 6 月，喜欢营巢于海岸岩壁或乔木上，每窝产卵 2 枚。白尾海雕在南海湿地偶见，属于旅鸟。②

南海湿地科研人员在 2014 年就发现白尾海雕的身影。近年来，由于南海湿地生态多样性恢复良好，水中有野鸭，陆地有野兔、田鼠等，为白尾海雕提供了食物。据统计，近年来，南海湿地发现的白尾海雕最高峰为 9 只。2019 年 1 月，南海湿地拍到 2 只白尾海雕觅食细节。2020 年初，在南

① 李婧主编：《濒临灭绝的动植物》，53 页，武汉，武汉大学出版社，2013。
② 虞炜主编：《内蒙古南海子湿地鸟类》，64 页，北京，中国林业出版社，2017。

海湿地监测到 3 只白尾海雕，正好监测到其在芦苇丛中捕猎野鸭。

5. 金雕

金雕又称鹫雕、金鹫，属鸟纲，隼形目，鹰科，是一种大型猛禽，以其突出的外观和敏捷有力的飞行而著名，因后颈金色针型羽而得名，被列为国家Ⅰ级重点保护野生动物。它全长约 85 厘米，翼展达 2.3 米，体重 2 ~6.5 千克，虹膜呈褐色，嘴呈灰色，跗蹠和趾呈黄色。翅膀和尾羽呈污白色，头顶至后颈羽呈金黄色，有金黄色矛状羽端和纤细褐色羽干纹。其上体呈暗褐色，外侧初级飞羽呈黑褐色，背和两翅的表面呈暗棕褐色；尾羽褐色，具有黑褐色横斑。下体几乎都为黑褐色，尾下覆羽呈棕褐色。金雕一般栖息于崎岖干旱的平原、岩崖山区及开阔原野，捕食雉类、土拨鼠及其他哺乳动物。它的繁殖期为 3—5 月，它们通常营巢于针叶林、针阔叶混交林或疏林内高大的红松和落叶松树上。一般每窝产卵 2 枚，偶有 1 枚或 3 枚。金雕在北半球广为分布，知名度极高。国内的金雕多为留鸟，分布较为广泛，除了广西、海南和台湾以外，可见于各地。在南海湿地可以偶见金雕，属于旅鸟。① 南海湿地监测数据显示，近十年来发现金雕 3 只。

金雕（苗春林 拍摄）

---

① 虞炜主编：《内蒙古南海子湿地鸟类》，74 页，北京，中国林业出版社，2017。

6. 白琵鹭

白琵鹭被列为国家Ⅱ级保护动物，俗名琵琶嘴鹭、琵琶鹭，属于鹳形目，鹮科，大型涉禽。白琵鹭全长约86厘米，虹膜暗褐色。它的嘴呈黑色，先端是黄色，长直而扁平，中段狭，尖端扩展为匙状，形似琵琶，上嘴背面具波状纹。眼先、额前缘黑色；胫裸出部、跗跖、趾、爪呈黑色。夏羽全身白色，枕部具长的黄色丝状饰羽，上喉及胸部沾黄色，颊、喉部黄色。冬羽全身白色，无枕部饰羽，雌雄相似。

白琵鹭栖息于沼泽、河滩、苇塘等湿地。喜欢群居，以小型动物、水生植物为食。捕食的时候在水中缓慢行走，左右摆动头部搜索。繁殖期在每年的5—7月，营巢于岸边高树或芦苇丛中，每窝产卵3~4枚，白琵鹭卵为白色，较大。国内广泛分布于各地。在南海湿地，白琵鹭属于优势种，属夏候鸟。[①] 每年夏天，50~100只白琵鹭在南海湿地栖息繁育。仅2018年5月底，就监测到200余巢的白琵鹭在南海湿地繁殖。部分巢内已孵化出幼鸟，白琵鹭的幼鸟全身羽毛呈白色，嘴部不同于成鸟，呈黄色。在南海湿地连续三年监测到大量白琵鹭繁殖群，说明南海湿地的生境越来越有利于鸟类栖息和繁殖。

白琵鹭（苗春林　拍摄）

---

① 虞炜主编：《内蒙古南海子湿地鸟类》，32页，北京，中国林业出版社，2017。

世界上白琵鹭的种群数量约有 3.1 万 ~ 3.45 万只，但各地的种群数量普遍不高，多数国家都只有很少的几百对繁殖种群，并且呈逐年下降趋势。在一些国家，如罗马尼亚，则已经完全消失。

7. 大天鹅

大天鹅属于国家 II 级保护动物，属于雁形目，鸭科。俗名咳声天鹅、喇叭天鹅。大天鹅全长约 140 厘米，虹膜暗褐色；嘴尖呈黑色，眼先及嘴基呈黄色并超过鼻孔。趾间具蹼，跗蹠、趾、蹼、爪呈黑色。通体白色，颈修长。雌雄同色，雌鸟体型较雄鸟略小。大天鹅栖息于开阔的河、湖、水库，成群活动。善游泳，游泳时颈向上伸直，与水面成垂直姿势。主要以水生植物的茎、叶、种子和根为食，偶尔取食软体动物、水生昆虫等。繁殖期在 5—6 月，喜欢营巢于蒲苇地，每窝产卵 4 ~ 7 枚，雌雄轮流孵卵约 25 天。国内繁殖于东北地区、内蒙古西部、宁夏、甘肃、新疆西北部，越冬于黄河中游以南，迁徙时途经内蒙古中部和东部地区。[①] 在南海湿地是常见的鸟类，属于旅鸟。前一年 12 月至第二年 2 月，上万只天鹅到南海湿地停歇、觅食，为再次迁飞储备能量。

大天鹅（苗春林　拍摄）

① 虞炜主编：《内蒙古南海子湿地鸟类》，36 页，北京，中国林业出版社，2017。

8. 疣鼻天鹅

疣鼻天鹅又称赤嘴天鹅、瘤鹄，属于雁形目，鸭科，属于国家Ⅱ级重点保护野生动物。其全长 120～150 厘米，虹膜棕褐色，嘴赤红色，基部呈黑色。跗蹠及趾呈黑色。通体雪白，眼先裸露，黑色，前额有黑色疣突，头顶、上颈稍沾棕黄色。雌雄同色，雌鸟疣突不明显。其栖息于多水草宽阔的水面，常常成对或以家族群活动。取食水生植物茎叶和果实。游水时颈部多呈 S 型。两翼常向外、向上蓬起。繁殖期在每年的 4—5 月，营巢于芦苇丛中，每窝产卵 4～9 枚，卵呈苍绿色。① 疣鼻天鹅的幼鸟上体淡棕灰色，颏、喉灰白色，下体余部白色，略沾灰色。②在南海湿地常见，属于旅鸟。2020 年 2 月底，南海湿地飞来了 58 只疣鼻天鹅，据湿地科研监测人员介绍，往年湿地里疣鼻天鹅的数量 不超过 10 只，今年能看到 58 只，非常难得。人为干扰少，水草丰盛，可能是这群疣鼻天鹅来此停留的原因。据介绍，疣鼻天鹅在南海湿地休整两周左右，等到黄河开河之后，就会迁往繁殖地筑巢。

疣鼻天鹅（陈学古　拍摄）

---

① 虞炜主编：《内蒙古南海子湿地鸟类》，34 页，北京，中国林业出版社，2017。
② 杨贵生主编：《内蒙古湿地鸟类》，54 页，呼和浩特，内蒙古人民出版社，2021。

9. 青头潜鸭

青头潜鸭属于雁形目，鸭科，潜鸭属。青头潜鸭曾广泛分布于中国、俄罗斯等地，但近年来受生态环境变化、栖息地被破坏等原因影响，青头潜鸭种群数量急剧下降，被世界自然保护联盟（IUCN）评估为"极危"等级，被列为中国国家一级重点保护野生动物。青头潜鸭的体态特征表现为：体长约45厘米，雄性虹膜呈白色，雌性呈淡黄色。嘴深灰色，端部白色，嘴甲和嘴基黑色。雄性头和颈黑色，闪绿色金属光泽，胸栗色，其余下体白色，体侧具有棕色宽纵纹。雌性头和后颈黑褐色，头侧和颈侧棕褐色，颏部有一小三角形白斑，喉和前颈褐色，上体羽毛暗褐，翼镜白色，胸部淡棕褐色，腹部白色，两胁褐色，尾下覆羽白色。青头潜鸭属于迁徙鸟类，夏候鸟，每年3月迁徙到北方进行繁殖。它喜欢活动于植被丰富的池塘、湖泊和淡水河流等环境。营巢于水边草丛或蒲苇地。雌性孵卵，每窝产卵6～10枚。卵呈淡黄色，略呈圆形，孵化期约27日天。善于游泳和飞翔，能潜水取食，主要食各种水草、杂草种子和软体动物。①

2018年曾在我国武汉黄陂成群出现。2019年4月，一名拍摄爱好者在南海湿地拍摄鸟类时，偶然发现3只青头潜鸭，这是首次在南海湿地发现青头潜鸭。

青头潜鸭（黄进　拍摄）

① 杨贵生主编：《内蒙古湿地鸟类》，87页，呼和浩特，内蒙古人民出版社，2021。

（二）南海湿地鸟类面临的问题

南海湿地拥有丰富的鸟类资源，但也面临着严峻的生存问题。

一是受人为因素干扰较为严重。南海湿地属于城市湿地，1998年兴建的南绕城公路呈东西走向，穿越了南海子湿地自然保护区，并将保护区大致分为南北两个部分，增加了对南海湿地的人为干扰，湿地生境破碎化。旧南绕城公路横穿湿地地域，道路车辆噪音、城市污水排放污染南海湖水质，生存空间遭到严重破坏。

二是栖息环境条件恶化。受人类活动因素影响，鸟类原有的栖息环境遭到破坏，导致栖息地破碎化，鸟类出现弃巢等现象，影响鸟类繁殖。由于水源受到污染，农作物大量使用农药等，会影响鸟类的食物，造成一定食物短缺，危及鸟类的生存。湿地水土受到重金属污染，导致鸟类身体内重金属超标，有可能会影响南海湿地鸟类的繁殖。在一份对包头南海湿地夜鹭卵进行重金属含量测定的分析报告中表明，经过科学采样和分析，南海湿地夜鹭卵壳和卵内容物中不同程度检出 Fe、Zn、Cr、Cu、Mn、Pb、Ni 等7种重金属。结果表明：7种重金属中 Cu、Zn、Pb、Fe、Mn 的含量在夜鹭卵壳及内容物差异显著。这些研究结果说明南海湿地 Fe、Zn、Cr、Cu、Mn 重金属污染较严重，这可能与当地的工业生产和农业活动有关。[①]

三是存在人为伤害鸟类的违法行为。例如捡拾鸟蛋、猎捕候鸟等违法行为。南海湿地有着丰富的鸟类资源，因此也成为一些不法分子的香饽饽。他们无视法律规定，为了利益实施一些伤害鸟类的违法行为。此外，一些受伤的鸟类得不到有效的救助。

二、南海湿地风景区对鸟类资源的保护

珍稀鸟类是南海湿地的主要保护对象。为此，南海湿地风景区积极采

---

① 刘利、张乐、孙艳：《包头南海湿地夜鹭卵7种重金属含量分析》，载《内蒙古大学学报》（自然科学版），2017（11）：672页。

取相应的鸟类保护措施。

一是兴建鸟岛,为湿地鸟类提供适宜生境,保护湿地鸟类。南海湿地管理机构邀请鸟类专家何芬奇教授为顾问,在2009—2013年兴建了12个鸟岛,在南海湿地营造适合鸟类生存的环境。其中3~4个岛屿露出水面高度小于1米,植物生长稀疏,表面为沙质,主要为普通燕鸥、黑翅长脚鹬、反嘴鹬、金眶鸻等提供繁殖场所;其他土质岛屿被灰菜、碱蓬或芦草包围,这种生境是赤膀鸭、黑翅长脚鹬等鸟类的营巢地,也是雁鸭类和鸥类、鹭类以及早春和晚秋时鸬鹚的休息过夜场所。做好生境保护,根据鸟类的生境需求,选择合适的植物品种营造鸟类栖息空间。在原有湿地生境基础上,合理种植人工林地,适当增加乔灌生境,明水湖面周围及黄河北部营造湖滨滩涂生境,增加生态过渡区;以芦苇为主要品种,搭配香蒲、红蓼等植物,丰富水生植物,种植净水植物,提高水质,保证明水面、草塘等生境的生物栖息适宜性。管理处还在湿地设置了3个食物补充点,解决野生动物在冬季短缺食物的问题。有了适宜的生境,吸引了大量旅鸟、候鸟到此繁衍,增加了鸟类的数量,也为鸟类研究创造了条件。

二是新建保护站、救护站、瞭望塔等保护鸟类资源。从2007年起,南海湿地管理机构根据保护区总体规划成立了湿地保护站,向国家申请了湿地保护建设资金668万元,新建了鸟类保护站、救护站、瞭望塔等,购买了第一批观鸟设备,为保护鸟类、救助鸟类、观察记录鸟类活动提供条件。管理处下设一个保护站,主要负责指导、协调、监督各监测点工作,制定监测点检测内容,并汇总各监测点的数据,建立南海湿地数据库。保护站下设5个管护点和3个监测点,在监测点配备了监测仪器,监测进退水的现状,水质变化对鸟类的影响等。为了使危病、受伤的珍稀鸟类和其他野生动物得到及时救治,管理处在实验区建了动物救济站。此外还建立了1座眺望塔,便于鸟类监测以及防救森林及湿地植被火灾等。加强对保护站的工作人员的学习辅导,让他们识鸟、知鸟、学鸟,观察记录鸟类的活动规律。经过十多年的努力,南海湿地涌现出一批能听其音、辨其形、知其名、识鸟性的知鸟、爱鸟、护鸟的专业保护队伍。2020年3月,南海湿地共有三支专业的湿地保护队伍,分别为湿地资源管理部、科普宣传部及湿地执法大队，共 51 人。专业保护队伍坚持每周观测鸟类群落数量变化，并做好观鸟日记记录，为研究鸟类资源、保护鸟类提供依据。编辑完善《野鸟救护手册》，建立湿地救护站，配合完成野鸟救护工作。成立野鸟救护中心，与内蒙古野生动物救护中心配合，5 年来共救护野鸟百余只，包括大天鹅、夜鹭、黑翅长脚鹬等，引起社会广泛关注。

三是加强风景区的执法巡逻，利用高科技助力打击拣拾鸟卵、猎捕候鸟等违法行为。一方面，加强对执法队伍的教育培训，提高执法队伍的素质，加强对风景区的执法巡逻，及时发现、打击破坏鸟类资源的违法行为。另一方面，提高监控科技含量，建设了一套高清监控系统，实时监控火险隐患、违法行为、鸟类迁徙、区域变化等，巡护、监控达到空间、时间全覆盖，减少湿地违法案件的发生。特别是在候鸟迁徙季节，管理处的执法队加强二十四小时巡护，在候鸟出现的重要地方安装高清摄像头。

四是加大湿地的恢复和修复，区政府和林业部门投资 4 亿元，实施了湿地生态修复工程，退耕还湿、退工换湿，恢复湿地 6000 余亩，修复湿地，形成了 5700 亩的水域，成为了万亩湖泊，逐步恢复了生态服务功能，为遗鸥等鸟类栖息和繁育提供了较好的生境。2018 年 4 月，横穿湿地多年的旧南绕城公路双向封闭，没有货车的往来通行，减少了对南海湿地候鸟的人为影响，为候鸟的繁殖营造了安静的空间，使得更多的鸟类在此繁衍生息。

五是加强对湿地鸟类的监测和科学研究。湿地监测日趋规范。以黄河湿地定位站为平台，逐步形成了 4 个"一"的监测工作，通过监测，11 年间新发现鸟类 155 种。2011 年 9 月南海湿地管理处"南海子湿地鸟类群落监测及遗鸥栖息繁育研究"项目获得立项。项目组通过查阅相关文献资料，并先后到红碱淖湿地、泊江海湿地等地方进行考察，获得了遗鸥繁育环境的第一手资料，为南海湿地如何营造适合遗鸥等鸟类繁育的生境提供了科研支持，为进一步保护湿地鸟类的生存和发展提供了合理建议。此外，湿地管理处还开展了湿地水质、人工浮岛植物对鸟类的影响等调查，并为保护湿地鸟类进行了全方位的研究。依托科研力量保护湿地鸟类。2019 年，南海湿地管理处筹资增装了 350 多个高清监控摄像头，以便加强对湿地进行全方位的监测和监控，也更有利于对鸟类进行监测。例如，在4年前，南海湿地就发现了白尾海雕的身影，但是拍摄到的照片多数是其高空飞翔的形态，而现在通过高清摄像头，湿地监测人员监测到了白尾海雕觅食细节，能够观察它们的生活细节，为鸟类的科学研究创造了更好的条件。

通过采取上述保护措施，使南海湿地的珍稀鸟类得到了有效的保护，湿地鸟类的数量增多了。2014年冬季，有很多以往冬季不见的候鸟或旅鸟在南海湿地栖息。据科技人员统计，仅2014年12月24日在南海湿地核心区越冬的鸟类就达到1036只，其中包括赤麻鸭386只，大天鹅2只，斑嘴鸭96只，普通秋沙鸭28只，鹊鸭8只，绿头鸭6只，绿翅鸭6只，小鹛鹛1只，苍鹭2只，白骨顶4只，斑头秋沙鸭1只，其余是南海湿地常见的冬季鸟类，有白尾鹞、红隼、环颈雉、苇鹀、文须雀、喜鹊、凤头百灵、金翅雀等。南海湿地监测人员解释，这些鸟原本为夏候鸟或旅鸟，正常情况下，此时应在温暖的南方越冬，2013年在核心区的越冬鸟类也仅有赤麻鸭数十只，如今这些鸟儿选择在南海湿地越冬，部分夏候鸟或旅鸟成为留鸟，原因有三：一是与冬季气候整体转暖有关；二是黄河水位上涨提前，湿地整体的枯水期变短，丰盈的活水资源为鸟类提供了理想的越冬场所和丰富的食物；三是南海湿地的保护力度加强，为鸟类越冬提供了安全栖息的环境。[1]

2018年5月，包头市南海湿地科研监测工作人员在保护区监测到560余巢的鸟类繁殖群，包括大白鹭、小白鹭、苍鹭、夜鹭、池鹭、草鹭、白琵鹭等，巢数最多的为白琵鹭，达到200余巢。南海湿地迎来了最热闹的鸟类繁殖季。大量的鸟类是生态环境的指示性物种，鹭类繁殖种群的大量增加是南海湿地生态环境逐年改善的有力证明。近年来，南海湿地在区委、区政府和上级林业主管部门的领导及支持下，创新"以法治湿、以科

---

[1]　苗春林、刘利：《大量候鸟在包头市南海湿地越冬》，湿地中国网站：http://www.shidi.org/sf_8006CB3688D94A548724C5E397F7C0B9_151_13015069340.html，2020年4月29日访问。

兴湿、以宣促湿、以产强湿"保护措施，完善湿地治理体系，加强湿地规划、执法、修复、宣教、科研、监测、救护、协调共建、队伍管理等九大能力建设，扎扎实实开展湿地保护管理工作，取得一系列的生态成果。

2018 年 5 月底，包头市南海湿地保护区科研监测人员在保护区外旧南绕城公路北面的建筑土堆上监测到上千只崖沙燕巢群。南海湿地保护区东边有一建筑工地，工地上堆砌了五六个高大的废土堆，土堆上部密密麻麻分布着不规则圆形洞穴，进进出出地飞翔着无数小鸟，轻快敏捷地来回穿梭，远望犹如蜂巢一般，场面十分壮观。

三、南海湿地风景区对鸟类资源的开发利用

珍稀鸟类是南海湿地的主要保护对象，也是南海湿地重要的特色旅游资源。南海湿地风景区管理处充分利用此特色旅游资源，在保护鸟类资源的基础上开发该资源。

一是建设鸟类图片馆，发挥其科普宣传的作用。2011 年南海湿地得到内蒙古自治区财政资金支持，建设了中国黄河湿地博物馆——鸟类图片馆，并于 2012 年 2 月 2 日世界湿地日正式对外开放。展馆位于南海湖东南，总面积约 600 平方米，其中展厅面积约 300 平方米，展出南海曾经出现过的鸟类 16 目 48 科 272 种，有雌、雄、幼、卵等各种形态，以目科属作为分区主线，分为 28 块展区。图片数量 478 幅，鸟类图片达 446 幅，图片的作者是以聂延秋领军的 24 名鸟类摄影爱好者，展示的是昔日包头敕勒川一角南海湿地莺飞草长的生态画卷。展馆不以鸟类实体作为展品，谨以图片来展示鸟类的千姿百态，并引发人类对鸟类生存环境的关注，是鸟类图片展的缘起宗旨，以呼吁人类与大自然和谐相处。展馆以"小展馆，大主题"，配以声、光、电系统，安装电子屏、电子翻书系统，展板合理分区，将鸟类图片与自然融合，体现动态发展理念，达到了科普、艺术和观赏为一体的鸟类展馆。

包头市政府相关部门每年举办"湿地日""爱鸟周"等大型宣传活动，逐步提高市民对湿地和鸟类的保护意识。2016 年包头市的世界湿地日纪念

活动在南海湿地风景区举行，活动现场悬挂主题横幅、"遗鸥"人偶互动、设立科普展示牌、湿地保护知识广播、发放科普宣传单，旨在倡导生态保护，让市民们零距离感受湿地之美，增强广大群众保护湿地的意识，营造热爱湿地、关心湿地、保护湿地的良好社会氛围，呼吁公众共同保护湿地资源，助推包头市生态文明建设。2019 年 7 月 27 日上午，为了提升全民保护生态环境及关爱野生动物意识，进一步加强野生动物救护保护科普宣传，值包头市野生动植物救护中心对受伤已痊愈的野生动物放归大自然之际，南海湿地隆重举办"保护生态环境　关爱野生鸟类"宣教活动，希望通过丰富多彩的形式向公众传播鸟类知识，宣传野生动物的重要价值，共同推动生态文明建设。

按照规划，未来将结合现有的鸟类图片馆及湿地现状，打造对鸟类进行集中科研、科普的研究区。在建筑方面，此处将现有的鸟类图片馆改建为黄河湿地研究院，扩大功能类型，从单纯的展览鸟类图片的展示馆升级为研究整个黄河生态的研究院，并规划建设动物救护中心。

二是利用鸟类的优势资源打造南海湿地风景区的品牌。如前所述，春季和秋季是候鸟迁徙的高峰期，大量的候鸟来到南海湿地。湿地景区在候鸟不受打扰的前提下，打造春来观鸟的特色活动，吸引大批游客前来观赏。每年 3—4 月，大量鸟类会在南海湿地保护区内栖息、繁殖，从而引发大量游客及摄影爱好者来此合影留念。由于鸟类的警惕性非常高，过大的声音和颜色鲜艳的物体都会惊扰到鸟类，所以湿地景区呼吁大家文明观鸟，尽量不要穿着红色之类的衣物，也不要为了拍摄效果驱赶鸟类，给它们创造一个安静的家园。在外围沿道路设置不影响生物繁衍栖息的鸟类观察站，供人们观察学习。未来将建设遗鸥岛、湿地鸟类研究实验区、观鸟盒、隧道观鸟台等。一方面可以让更多市民、游客了解更多的鸟类知识，从而更好地保护鸟类。另一方面可以增加景区的经济收益，进而为保护鸟类提供经费保障。

三是开展湿地鸟类群落监测研究，带来科研效益，深入科研推广项目。先后从科技和林业系统争取到一系列项目资金，与中国科学院东北地理与农业研究所、南京大学常熟生态学院、中国科学院南京地理与湖泊研究所、中国环境科学研究院、包头市环境监测站、包头市气象局、内蒙古科技大学、包头师范学院等单位合作，针对黄河湿地和南海问题研发策划了《南海湖水体治理及生态修复项目》等一批项目，立项实施了《南海湿地鸟类群落监测及遗鸥栖息繁殖繁育研究项目》《湿地生态系统保护与修复技术试验示范》等一批科研课题。

在科研项目的推动下，南海湿地逐渐成为湿地研究课题类的科研基地，吸引了众多科研工作者加入南海湿地研究的队伍中。南海湿地先后联络了来自全国各地的专家，先后聘请了中国科学院动物研究所鸟类学专家何芬奇、北京师范大学生物学教授张正旺、宋杰，北京林业大学自然保护区学院教授雷光春、郭玉民等12位生态学顾问，并与内蒙古科技大学、包头师范学院形成合作关系，加强与各级鸟类研究机构的联系，共同推进包头地区湿地生态的科研工作，为开展湿地保护各项工作提供了智力支持。①

第二节　南海湿地风景区渔业资源的保护与开发利用

一、南海湿地渔业养殖历史悠久

南海湿地风景区位于黄河边上，本身就具有丰富的野生鱼类资源。包头有民谣说："韭菜二寸高，鲤鱼打断腰。笼蒸二米饭，又拿鱼汤烧，"可见，包头渔业养殖非常丰富。从1958年成立包头市鱼种站至今，已有60余年，有着悠久的渔业生产历史。南海湿地水产品被国家认定为绿色食品，南海野生鱼绿色无污染，自由取食，不喂人工饵料，生长周期长，肉质密度高，口感筋道，味道鲜美，营养丰富，老少皆宜。南海湿地景区自1985年起，坚持采用传统捕捞方式，保证了鱼的质量。

南海湿地风景区的鱼类品种繁多，既有野生黄河鲤鱼、花鲢、白鲢、

---

① 苗春林主编：《遗鸥研究与保护》，209页，北京，中国林业出版社，2014。

鲫鱼、草鱼等传统品种，还有中华绒螯蟹、黄河鲶鱼、团头鲂（武昌鱼）、秀丽白虾等名贵水产品。丰富的水产品，吸引了品尝南海"全鱼宴"的人们，也吸引了广大钓鱼爱好者。下面我们分别介绍南海湿地景区的主要渔业资源。

1. 黄河鲤鱼

鲤鱼俗称鲤拐子，属于鲤科。个体大，身体侧扁而腹部圆，须 2 对。下咽齿呈白齿形，背鳍、臀鳍均有一根粗壮带锯齿的硬棘。鲤鱼平时多栖息于江河、湖泊、水库、池沼等底质松软、水草丛生的水体底层，以食底栖动物为主。一般其于清明前后繁殖，分批产卵，卵粘附于水草上发育。其适应性强，耐寒、耐碱、耐缺氧，可在各种水域中生存。鲤鱼含肉量高，肉质鲜美，营养丰富，是品种最多、分布最广、养殖历史最悠久、总产量最高的淡水鱼类之一。[①]

黄河鲤鱼

黄河鲤鱼赛牛羊，而开河鲤鱼赛人参。每年冬至黄河封冻，冬天鱼儿处于休眠状态，很少进食，栖息在回水弯底。第二年清明开河，鱼体中一些异物渐渐溶于水，储存的营养物质脂肪、肝糖的转化，使开河鱼肉质鲜嫩、纯正，被人们比作人参，可以大补元气，通络发散，治百病，延年益

---

① 李春林编著：《中国鱼类图鉴》，56 页，太原，山西科学技术出版社，2015。

寿。明清时，黄河鲤鱼是贡品。黄河经包头至托克托县河口镇，顺流可以行船，河口镇到河曲、偏关、保德行船困难，河道时宽时窄，水中岩石嶙峋，岩洞遍布，环境安静，有上游冲击沉淀的营养物质，因此适合鲤鱼生存。民国初年，包头鲤鱼名扬塞外。当时的包头有五福堂、久记、公合店三大鱼店。包头县西起西山嘴，东至磴口，长300余里，沿河上下游都产鱼，尤以三湖湾为最。《包头概况》（1939年，内蒙古呼和浩特西北研究所）称，包头产鲤鱼120万斤。包头南海子、兰桂窑子盛产鲤鱼。黄河鲤鱼除了在包头销售外，还远销归绥（呼和浩特）、大同等地。[①] 南海湿地的南海湖养殖的黄河鲤鱼，因金鳞赤尾，被誉为"南海黄河金翅"大鲤鱼，肉质鲜美，誉满区内外。

2. 中华绒螯蟹

在南海湖自治区无公害水产品养殖基地，多年移植辽宁盘锦河蟹，学名中华绒螯蟹，是我国蟹类中产量最多的淡水蟹。素有"辽河蟹天下第一"之美誉。南海湖地处北纬40°30′，昼夜温差大。水质清新、天然饵料丰富，使南海湖河蟹品质优良肉味鲜美，营养丰富。营养价值高于海蟹及其他淡水蟹，且药用价值显著，具有清热、散血、养筋益气、延缓衰老、增强人体抵抗力的功效。

中华绒螯蟹

---

① 虞炜主编：《湿地南海》，19～20页，北京，中国林业出版社，2015。

3. 秀丽白虾

秀丽白虾又称太湖白虾，白虾属淡水种中的一种。体长最大不超过60毫米。头胸甲有鳃甲刺、触角刺而无肝刺。额角发达，上下缘皆有锯齿，上缘基部形呈鸡冠状隆起，末邯尖细邯分上缘无齿。主要生活在湖泊的敞水区域和湖内较大的河道内。它白天潜入水底，夜间升到湖水上层并喜光亮，所以夜间捕虾产量较高。

秀丽白虾

秀丽白虾肉质细嫩鲜美，营养价值较高。虾营养丰富，且其肉质松软，易消化，对身体虚弱以及病后需要调养的人是极好的食物。虾中含有丰富的镁，镁对心脏活动具有重要的调节作用，能很好的保护心血管系统，它可减少血液中胆固醇含量，防止动脉硬化，同时还能扩张冠状动脉，有利于预防高血压及心肌梗死。虾的通乳作用较强，并且富含磷、钙、对小儿、孕妇尤有补益功效。

4. 鲢鱼

鲢鱼俗称白鲢、鲢子，属于鲤科。鲢鱼头大，吻钝圆，口宽，眼位于头侧下半部，眼间距宽。鳃耙特化，彼此联合成多孔的膜质片，有螺旋形的鳃上器。体被小圆鳞，侧线弧形下弯。腹部狭窄，两侧及腹部白色，自喉部至肛门有发达的腹棱。鲢鱼生长速度快，活动于水的中、上层，性活泼，遇惊后即跳跃出水。每年4月下旬，江水水温达到18℃时，鲢鱼开始产卵，受精卵吸水膨胀，随水漂流孵化。鲢鱼的肉质鲜美，含多种氨基酸，是中国著名的"四大家鱼"之一，适合放养于湖泊、水库等，其天然产量也很高。广泛分布于我国各主要水系。① 此外，鱼类对于水生物环境还具有一定修复作用。2007 年 4 月，南海公园管理处先期向南海湖投放了30 万尾鲢鱼鱼苗，用于南海湖水生物环境修复。

鲢鱼

5. 鳙鱼

鳙鱼俗称花鲢、胖头鱼，也属于鲤科。鳙鱼头很大，几乎占身体长度的 1/3。吻宽，口大。眼位于头侧下半部，鳃耙呈叶状，但不联合。具有螺旋形的鳃上器。鳞细小，腹鳍至肛门具狭窄的腹棱。鳙鱼生长迅速，个体大，活动于水的中上层，性较温和，行动迟缓，以浮游动物为食。每年4—7 月，当水温达到 18℃以上，江水上涨时其开始产卵，卵具有漂流性。鳙鱼肉质肥嫩，营养丰富，天然产量较高，也是我国优良的养殖鱼类。②

鳙鱼

---

① 李春林编著：《中国鱼类图鉴》，48 页，太原，山西科学技术出版社，2015。
② 李春林编著：《中国鱼类图鉴》，49 页，太原，山西科学技术出版社，2015。

6. 草鱼

草鱼又称白鲩、草鲩、草棒，属于鲤科。体形与青鱼相似，口呈弧形，上颌略长于下颌，下咽齿两行，呈梳形，无须。体近似圆柱形，背鳍和臀鳍均无硬刺，背鳍和腹鳍相对，腹部无棱。草鱼属于大型个体，生长迅速，3 年鱼可达 5 公斤。喜欢生活于江河或湖泊的中、下层，以食水草为主。4—7 月繁殖，产漂流性卵。草鱼含有丰富的不饱和脂肪酸，肉厚刺少，味道鲜美。由于其产量高，成为我国优良的饲养鱼类 。①

草鱼

7. 鲫鱼

鲫鱼又称喜头、鲫拐子、月鲫仔，属于鲤科。鲫鱼体侧扁而高，头较小，吻钝，无须。下咽齿侧扁，背鳍基部较短，背鳍和臀鳍都具有粗壮且带锯齿的硬刺。整个身体呈银灰色，鳞较大。鲫鱼属于中小型个体，常见约为 0.25 千克左右。鲫鱼广泛分布于从亚寒带到亚热带的池塘、湖泊，河流等淡水水域。鲫鱼具有很强的环境适应能力，繁殖力强，能适应各种恶劣环境。以食浮游生物、底栖动物及水草等。3—7 月，在浅水湖汊或河湾水草丛生地带分批产卵，卵黏附在水草或其他物体上。鲫鱼的肉质细嫩，

---

① 李春林编著：《中国鱼类图鉴》，35 页，太原，山西科学技术出版社，2015。

味道美。①

鲫鱼

二、南海湿地风景区渔业资源的保护和开发

南海湿地渔业本着深度融合生态养殖、环保水务的工作理念坚持生态养殖。一方面，彻底封堵景区内四大雨污混流管线，确保了湿地的水质，提高了鲤、鲫鱼自然产卵环境。另一方面，在进行捕捞量日常统计的同时，还邀请内蒙古水产技术推广站专家进行了科学的分析，采用轮捕轮放原则保持生态养殖产业的可持续发展。

在水产养殖业方面，南海湿地管理机构实施"品牌+基地+标准+监管"的战略，保证其渔业产品的良好品质。

一是注册商标，打造湿地品牌。2007年开始陆续注册了南海黄河金翅、南海湿地、南海湖、博托河、南海碧波楼、南海小河套6个文字商标和2个图形商标。其中，"南海黄河金翅"商标在2009年通过包头市知名商标的认定，于2013年通过自治区著名商标认定，并对"南海黄河金翅"商标的使用作出了使用要求，该商标可以适用于南海湿地景区生产的鲤鱼、草鱼、白鲢、花鲢、鲫鱼、河蟹等。对于不符合产品质量要求的产

---

① 李春林编著：《中国鱼类图鉴》，56页，太原，山西科学技术出版社，2015。

品，一律不能使用"南海黄河金翅"商标。2012年南海湿地获得无公害农产品产地认定证书，生产的产品获得无公害农产品证书。2013年编制了《南海湖无公害水产品生态渔业管理综合标准》，筹资建设了南海黄河鲤鱼育种基地。①

南海黄河鲤鱼注册商标

野生的南海黄河鲤鱼一直是老百姓认可的水产品，为了切实保护好"黄河鲤鱼"这一著名品牌，2014年10月南海湿地开始进行地理标志认证商标的申报工作，于2017年3月27日通过国家工商总局商标局终审公告，成功注册"南海黄河鲤鱼"地理标志证明商标。商标的成功注册对南海湿地的养殖环境起到很好的保护作用，同时使拥有身份的南海鱼产品受到了法律的保护。

二是利用优质水域筹建养殖基地，采用先进养殖技术养殖。包头市南海湿地益鸥休闲养殖垂钓有限责任公司养殖基地位于东河区南海湿地保护区内，养殖水域5000余亩，南海湖养殖的鲤鱼、鲫鱼、白鲢、花鲢等水产品坚持野生放养，主要饵料为浮游生物、底栖生物、水生植物等天然饵料，养殖用水为黄河水，采取定期补给黄河水的循环生态养殖模式。在原有渔业养殖的基础上，利用水产品养殖基地培育了黑鱼、清水虾、螃蟹等水产品，进一步丰富南海湖水产品品种。近几年，为了给南海鱼创造更为清洁、舒适的生长环境，东河区区委、区政府下大力气对南海湖水体进行

---

① 虞炜主编：《湿地南海》，47页，北京，中国林业出版社，2015。

处理，提升了水质，南海湖的水更清了，水域面积更大了。由于养殖水域环境优良，天然养殖周期长，产品品质好，受到消费者的青睐。此外，在2018年5月，南海湿地风景区还与内蒙古自治区水产技术推广站合作，成立现代农业产业技术体系建设的40个产业技术体系之一的国家大宗淡水鱼产业技术体系呼和浩特综合试验站，将重点实施鱼菜共生、鱼花共生、鱼病防治、水质提升、品质监测等科研项目。2018年7月，通过对水生植物的考察，与河北白洋淀水生植物公司联系，在南海湖小面积试种水生植物取得成功。此次水生植物种植成功不仅可以大大改善水质环境，同时还将改善鲤鱼、鲫鱼的自然产卵环境，提高水产品养殖成活率。通过技术创新，将有效保护南海湿地，提升渔业养殖技术，优化产业结构，提高南海湿地的经济效益。

将实施南海水产品育种基地项目。将原南绕城公路与黄河大堤（景观大道）之间的旧鱼池（占地面积176亩，共有6个养殖池塘，2个荷花池塘）改造成育种基地，进行专业的纯种鱼苗养殖培育工作。

三是对渔业进行标准化管理，创建绿色食品渔业品牌，保持南海湿地渔业资源的良好品质。2014年5月，为提高包头市南海湖水产品的市场竞争力，进一步加强南海湿地景区及周边环境、水质、农药等的管理，进一步规范南海湿地景区水产品生产者的养殖程序，包头市质量技术监督局和包头市南海湿地风景区管理处共同发布并实施《南海湖无公害水产品生态渔业管理综合标准》。该标准结合南海湖渔业的现状，重点对南海湖水产品养殖品种、管理技术、商品鱼的捕捞、运输、销售、增殖放流等方面进行了规定。对渔业进行标准化生产，以保障南海湿地渔业资源的良好品质。

2018年，包头市南海湿地益鸥休闲养殖垂钓有限责任公司申报了绿色食品。在包头市农畜产品质量安全监督管理中心技术人员的指导下，严格按照绿色食品标准化生产技术规程生产和管理，经过中国绿色食品发展中心定点检测机构对环境检测、产品认证抽检和申报材料的审核，达到绿色食品认证要求。2019年1月，该公司的鲤鱼、鲫鱼、白鲢、花鲢4个产品获得中国绿色食品发展中心颁发的绿色食品证书，这是包头市渔业产品首家获得绿色食品证书。这意味着南海湿地的水产品由无公害产品晋升为绿色食品。这些绿色食品证书的获得，对创建绿色食品渔业品牌起到积极的示范引领作用。① 2023 年 11 月，南海湿地益鸥休闲养殖垂钓有限责任公司成功入选 2023 年国家级水产健康养殖和生态养殖示范区，这将进一步促进其水产养殖业绿色高质量发展。

四是创新水产品营销方式，提高渔业产业经济效益。积极探索渔业生产的三产融合。一是"一产 + 三产"融合，拓展、创新开展"黄河鲤鱼节"活动，与西贝餐饮和冷链物流合作，将南海绿色食品作为名优食材，推向全国市场。二是"一产 + 二产"融合，开发水产品深加工项目，实现半成品销售，提高水产品的利用率和附加值，实现产业增值增效。"一产 + 二产 + 三产"融合，渔业三产联合，开发渔业观光、捕鱼烹饪体验、科学教育等多种功能，以创意带动养殖、加工，提升产品文化价值。

五是加强对渔业资源的监管。成立了南海湿地管理处标准化管理项目组，严格执行《南海湖无公害水产品生态渔业管理综合标准》中的管理技术规程，加大对南海水产品养殖的监管力度，保证南海"黄河金翅水产品""无公害农产品"品牌。加强生态渔业养殖管理，规范鱼种引进、水产品养殖、销售等行为，实行卓越绩效管理模式，获得了包头市政府质量奖。②

六是利用丰富的鱼类资源，打造生态休闲垂钓区。结合周边产业设置垂钓区，包括育种场等均设置于此。垂钓区主要给市民及游客提供自然风貌的野钓体验，不同于一般的坑塘垂钓，野钓更接近于自然，所钓鱼种也是自然多变的。多年来，南海湿地风景区以其宽阔的水域面积、优质丰富的水产品以及优美的垂钓环境，深受垂钓爱好者的欢迎。2019 年景区改进垂钓设施，新建 40 个标准垂钓台，建成后的钓鱼平台将主要投放于景区南岸湖边，钓鱼平台的新建不仅完善景区服务设施，改善了垂钓爱好者垂钓

---

① "包头市渔业 4 个产品获绿色食品证书"，载内蒙古新闻网网站，http：//in-ews. nmgnews. com. cn/system/2019/02/15/012652983. shtml，2020 年 5 月 1 日访问。

② 包头市委宣传部：《打造诚信品牌——构建和谐南海湿地》，载《内蒙古宣传思想文化工作》，2018（7）：8 页。

环境，同时还为今后举办大型垂钓活动奠定基础。2019年包头市第五届钓鱼比赛在南海湿地风景区成功举行，使其成为钓鱼爱好者的首选垂钓场地。除了完善场地之外，南海湿地景区还为垂钓者提供配套服务，包括电瓶车服务、订餐服务等。

景区在利用丰富鱼类资源的同时，注意对鱼类资源的保护。对于景区垂钓行为提出了要求，禁止在南海湖北岸及其他区域垂钓，如发现有偷钓行为将进行严厉处罚。明确禁止炸鱼、电鱼、投毒，不得使用毛钩。游客垂钓时，应服从景区工作人员的管理，在有标识标牌的钓位点垂钓并在规定时间内进行钓鱼活动。

此外，南海湿地风景区每年开展各种营销活动，如"冬捕节""鲤鱼节"，主题为"美丽湿地——休闲南海钓鱼日"活动，在细节服务上不断改进，根据顾客要求采用活鱼充氧包装袋，方便顾客的同时也提升了服务品质。南海湿地风景区将野生黄河金翅大鲤鱼作为主要原料烹制的全鱼宴——芝麻鱼条、滑溜鱼片、蛟龙飞天、糖醋鱼丸、家炖鱼、清蒸鱼、红烧鱼、五柳鱼、油浸鱼等20余道鲜鱼美味，使游客在南海会馆中就可吃到国宴。为创造更高的经济效益和社会效益，公司与大型餐饮连锁企业合作，让包头人的餐桌上有自己的绿色食品。每年3—5月举办的南海湿地黄河鲤鱼节，在开幕式当天，游客们不仅可以观赏到泛舟湖上、撒网捕鱼的唯美景象，感受悠然垂钓的闲趣雅韵，还会进行头网头鱼拍卖活动。之后还会举行鲤鱼节的垂钓大赛、投放鱼种活动等。

根据通过的规划显示，未来的垂钓产业将向具有生态、休闲功能的渔产业延伸，实现生态保护与开发利用的双赢状态。在保护生态多样性的同时，以不同难易等级划分垂钓池，个性化地针对不同人群的垂钓需求，同时与周边餐饮、娱乐活动、文化及科研展示和湿地净化展示等板块形成合理的分区组织，公益性项目与盈利性项目互为补充，平衡小区域内收支。

七是严格控制放生品种和来源，保证放生的生态安全性。南海湿地景区支持和鼓励开展渔业资源的增殖放流，努力恢复渔业资源，改善生态环境，繁荣渔业经济，保持渔区稳定。但在投放鱼类时，要符合南海湖无公害水产品生态渔业品种要求，放生苗种要由省级以上渔业行政主管部门批准的原种场、良种场提供。坚持生态优先原则，选择本土品种。不得向南海湖天然水域投放杂交种及种质不纯等不符合生态安全要求的物种，不得放生外来物种和转基因品种。投放南海湿地景区水生动物的数量、规格应符合南海湖鱼类投放比例，不能破坏南海湖鱼类的群体结构。①

在上述举措和严格监管下，南海野生鱼得以在无污染的水域中自然生长，自由取食，不喂食人工饵料，保证了南海鱼生长周期长，肉质密度高，口感筋道，味道鲜美，极大程度保留了原生鱼的全部营养，因此南海鱼的品牌在市场上声名远扬。未来，南海湿地景区将以"南海湿地"之名被自治区党委等14家单位授予"全区诚信品牌"为契机，以"南海黄河鲤鱼"地理标志证明商标为依托，全面实施"品牌＋标准＋基地＋监管"的水产品战略，丰富并完善南海生态产品养殖品种、品质，打造绿色食品，通过与冷链物流企业合作，将南海绿色食品推向更广阔的市场。

第三节　南海湿地风景区植物资源的保护与开发利用

一、南海湿地风景区植物资源概况②

水生植物和湿生植物是湿地生态系统的重要组成部分。水生、湿生植物是指生长在水中或潮湿土壤中的植物，其中，水生植物又包括挺水、漂浮、浮叶和沉水植物。常见的水生植物有荷花、睡莲、浮萍、眼子菜等，湿生植物有芦苇、水葱、莎草等。湿地植物是湿地生态系统中的生产者，为湿地的动物繁殖、捕食提供了栖息场所和食物保障，在湿地生态系统功能中发挥着重要的作用。

---

① 《南海湖无公害水产品生态渔业管理综合标准》，蒙 QBT－2013。

② 参见毕捷：《内蒙古南海子湿地植物》，11～13 页，呼和浩特，内蒙古人民出版社，2014。

南海及周边黄河湿地植物在内蒙古自治区植物区划中属于欧亚草原植物区，由于同时受欧亚草原植物区和东亚阔叶林植物区的影响和渗透，许多植物分区在本区内相互交迭，从而大大丰富了这个地区的区系地理成分。南海湿地风景区植被大部分是草甸植被，在河滩草地和林地中，有野生植物52科136属207种。其中草本植物173种，灌木和半灌木19种，乔木15种。这些植物中，有药用价值的122种，有饲用价值的38种，常见园林绿化植物16种，有其他经济利用价值的18种。现有列入《国家重点保护野生植物名录》（第一批）的国家Ⅰ级重点保护植物1种：银杏（2007年引入）。列入《国家重点保护野生植物名录》（第二批）国家Ⅱ级重点保护植物2种：紫芒披碱草和甘草，其中银杏和紫芒披碱草也是中国特有物种。

南海湿地的植物分布因地段不同呈现不均匀的分布。70%的植被分布在外湖的河头滩地。其次在土壤较肥沃的北岸地区林间林下也生长着一部分植被。在土壤结构和养分很差的东坝和西坝则植被较少，以草本植物为主。

南海湿地植被类型可分为灌丛、草原、草甸、沼泽、草塘等5个类型，占面积优势的是草甸、沼泽和草塘。

灌丛植被亚型可以分为阔叶灌丛，阔叶灌丛呈现带状，主要分布于黄河岸边、盐渍土地和环湖边缘。阔叶灌丛可细分为紫穗槐灌丛、白刺灌丛、枸杞灌丛等。

草原植被是南海湿地的地带性植被，是在温带半干旱气候条件下发育起来的，由低温旱生多年生草本植物组成的一种植被类型。南海湿地是黄河水流作用下而形成的生态系统，原生草原多数已经消失，仅在各块湿地的边缘地带有小面积分布，分为冷蒿、草木犀群系。

草甸植被是由多年生草本所建群的一类植物群落。它是土壤水分充足的中等湿度条件下发育形成的植被类型。南海湿地的草甸植被是隐域性的植被类型，是在土壤水分主要来源地表水（黄河）的低温地上所发育的植被类型，按照水分、盐分适应性的一般特点，可以将草甸植被进一步划分为典型草甸植被、沼泽草甸植被、旱中生草甸植被及盐化草甸植被四个不同的亚型。典型草甸植被主要有佛子茅草甸、假佛子茅草甸、鹅绒委陵菜草甸。沼泽草甸植被主要有中间型苔草草甸、看麦娘草甸。旱中生草甸主要有狼尾草草甸、光稃茅香草草甸。盐化草甸植被主要有星星草盐化草甸、马蔺盐化草甸、赖草盐化草甸、西伯利亚蓼草甸。

沼泽植被是由湿生植物在地表积水、土壤过湿的生境中形成的多种植物群落，也是一种隐域性的植被。由于沼泽环境中的生态条件不均一，所以植物组成中分布种类较多。例如莎草科、禾本科、香蒲科等，组成沼泽植被的建群种及优势种有世界广布种芦苇、狭叶香蒲、水葱、三棱藨草、杉叶藻等，组成沼泽植被的主要植物生活型除以多年生草本植物占优势以外，也见有一、二年生草本植物、灌木、半灌木生活型的植物种类混生于沼泽群落。沼泽植物的生态适应类型，基本上属于湿生和水生植物。草本沼泽植被主要有芦苇沼泽、香蒲沼泽、水葱沼泽等。灌木沼泽主要有河柳灌木沼泽。

草塘植被即明水区，水体是草塘的栖息生境，水是影响草塘植被分布的主要生态条件。南海湿地的草塘主要分布在北部的南湖，南部也零星分布多个小面积的草塘。可以将草塘植被进一步划分为沉水型草塘、漂浮型草塘、挺水型草塘3个植被亚类型，6个群丛。南海湿地的沉水型草塘主要有龙须眼小菜草塘、狐尾藻草塘。漂浮型草塘主要有浮萍草塘。挺水型草塘主要有蒙古香蒲草塘、草泽泻草塘、芦苇草塘。

总体看，南海湿地植被种类比较丰富，但木本植物较少，以灌木为主。形成怪柳和旱柳为建群的灌木沼泽，草本植物种类丰富，生活型各异，形成多个群丛组。

在《内蒙古南海子湿地植物》一书中，毕捷博士对南海湿地植物群落物种组成和种类进行了汇总分析和研究，认为近二十年来，南海湿地的植物群落物种总量和组成都有变化。植物种类数目减少了近20.3%，禾本科植物物种变动较大，减少了12种。豆科减少了7种，菊科减少了4种，蓼科3种，毛茛科3种，泽泻科3种。在植物物种组成方面，消失了近100种植物，消失的植物以当地野生物种为主，同时新增了大量新的物种，主要为人工引入的不属于包头市气候区域的外来观赏物种。例如，柏科、松科、桑科和木犀科新增的物种都为人工引入的乔木、灌木观赏物种，马齿苋科和柳叶菜科新增的物种也属于引入的外来观赏草本。[①]

之所以会出现这些变化，与三大环境因子，即温度、光照和水分有着密切的联系。在特定的气候区域中，温度和光照的变化都比较小，而降水格局的改变和土壤含水量对当地植物群落组成和结构有着十分重要的影响。究其原因，主要有以下几点：一是南海湿地补充水量减少。南海湖是黄河变道遗留下来的故道湖泊，湖水常年蒸发和渗漏，南海湖水位下降，所以必须要依靠黄河补水。黄河的汛期是南海湿地补水的重要时间段，也是该湿地获得补水，维持正常生态净化功能的关键。但随着黄河沿岸城镇的发展和农业灌溉用水的增加，黄河包头段上游的用水量逐年增加，黄河水位下降，在非汛期对南海湿地的水量补充下降。与此同时，由于黄河沿岸的开发以及防洪堤坝的兴建使得黄河漫滩地区土壤硬化，水分吸收能力下降，从而使暴雨时期流经湿地的水流加快，洪峰流量增加，湿地对水流的相对吸收能力下降，造成湿地在汛期得到的补充水量减少。伴随着黄河漫滩土地的开发以及自然泥沙沉积，黄河沿岸的土地表面抬高，增加了黄河主干流的地表径流向湿地保护区补水的难度。二是人类活动加剧对湿地的污染。南海湿地风景区毗邻市区，附近居民的生活污水沿着四道沙河排入南海湿地，成为湿地水体富营养化的潜在污染源。水体遭到污染，水质严重下降，破坏了南海湿地植被的生长环境。随着地区经济的发展，工业废水的排放以及日益增加的人口密度对保护区的环境造成了较大的生态压力。三是破碎化的生境容易被外来因素干扰，所造成的空生态位为外来植物的入侵创造了机会，这对于自然生态系统具有很大的威胁。

在此我们介绍南海湿地几种常见的植物。

1. 芦苇

芦苇属于禾本科，芦苇属，多年生草本，属于湿生植物。根状茎发达，秆直立，通常高约 1～3 米，单一，不具分枝，连片成群落。具有长而

---

① 参见毕捷：《内蒙古南海子湿地植物》，17 页，呼和浩特，内蒙古人民出版社，2014。

粗壮的匍匐根状茎，以根茎繁殖为主。叶舌有细毛，叶片长线形或长披针形，排列成两行。叶长近45厘米，宽约2厘米。圆锥花序分枝稠密，斜向伸展，花序长近40厘米，小穗有小花4~7朵。颖有3脉，一颖短小，二颖稍长。小花多为雄性，余两性。两性小花外稃先端长渐尖，基盘被长丝状柔毛，内稃脊上粗糙。芦苇生命力强，易管理，适应环境广，深水、耐寒、抗旱、抗高温、抗倒伏，生长速度快。常生长在灌溉沟渠旁、河堤沼泽地、河溪边、湖边等多水区域。① 芦苇是造纸工业的重要原料。芦苇湿地的生态环境是鱼、蟹、禽繁衍生息的乐园。水中的浮游生物是鱼、蟹、禽的天然饵料源，鱼、蟹、禽的排泄物又是芦苇的天然肥料，从而形成了良性生态经济链。

芦苇（秦莉佳 拍摄）

芦苇群落在南海湿地分布广泛，在不同区域，其高度差异明显。在常年积水区，芦苇盖度可达90%，平均高度在2米左右，最高可达4米。在缺水退化的湿地，植株低矮，生物量降低。芦苇在常年积水区易形成单一优势种。多用于公园湖边景点、水面绿化、净化水质、护土固堤和改良土壤等。

---

① 毕捷著：《内蒙古南海子湿地植物》，170页，呼和浩特，内蒙古人民出版社，2014。

2. 扁秆藨草

扁秆藨草属于莎草科，藨草属。多年生草本，属于湿生植物。高不足1米，有匍匐根茎和块茎，秆较细，三棱柱形。叶基生或秆生，叶片线形，扁平。基部具有长叶鞘，叶状苞片1~3枚，长于花序。聚伞花序头状，有小穗1~6枚，小穗卵形，褐锈色，具多数花。鳞片长圆形，膜质，褐色，有1条脉，先端有撕裂状缺刻，具芒。花期在每年的5—6月，果期为6—7月。为多年生耐盐性挺水型的单子叶植物，喜温暖、光照充足的环境。扁秆藨草散生于水边草地、沼泽地、河边积水滩地、湖泊以及碱性草甸的低洼湿地等，常与芦苇、水葱、香蒲等伴生。[1]扁秆藨草可以作为混合饲料，茎叶可以用于造纸、编制业，块茎可以药用。[2]

南海湿地的扁秆藨草群落主要占据湖岸浅水区，水深不超过30厘米。扁秆藨草平均高度70~110厘米，盖度50%~90%不等。可形成单优群落，外貌呈葱绿色，在浅水区，常伴生槽秆荸荠、水葱、草泽泻、两栖蓼等植物；在缺水退化区域，伴生有芦苇、蔺状隐花草等。[3]

3. 中间型荸荠

中间型荸荠也属于莎草科，荸荠属。其也是多年生草本，属于湿生植物。匍匐的根状茎很长，秆多而短，丛生，圆柱状，干后略扁，高不足60厘米，较细弱，有钝肋条和纵槽。叶缺如，只在秆的基部有1~2个叶鞘，鞘基部呈红色，鞘口截形。小穗卵形或卵状披针形，有多数密生的两性花。小穗基部的一片鳞片中无花，其余鳞片全有花，稍松散排列，长圆状卵形，顶端急尖，黑褐色，背部有一条脉。下位有刚毛4条，纤细，锈色，微弯曲，有倒刺，刺密。其小坚果呈倒卵形，双凸状，淡黄色，后变为褐色。花柱基呈半圆形或短圆锥形，长宽几乎相等。中间型荸荠生长在水边

---

① 毕捷：《内蒙古南海子湿地植物》，176 - 177 页，呼和浩特，内蒙古人民出版社，2014。

② 谷安琳、王宗礼：《中国北方草地植物彩色图谱》，350 页，北京，中国农业科学技术出版社，2011。

③ 刘瑞龙、赵巍、郝静颐：《水生湿生植物与湿地环境关系初探——以包头黄河国家湿地公园南海湖片区为例》，载《内蒙古林业》，2018 (4)：27 页。

湿地。①

中间型薹草（庄宇　摄影）

南海湿地的中间型薹草群落分布在近岸浅水区，呈斑块状分布。群落外貌似槽秆薹草，以中间型薹草为优势种，盖度70%～90%，平均高度40厘米，常见伴生种有芦苇、扁秆蘺草、水麦冬等。

4. 眼子菜

眼子菜属于被子植物—单子叶植物，眼子菜科，眼子菜属。眼子菜是多年生水生草本，有匍匐的根状茎，茎细长。浮水叶互生，略革质，全缘，有平行的侧脉7～9对。叶柄细长，托叶膜质透明，披针形，呈鞘状抱茎。沉水叶互生，叶片线状椭圆形，有长柄。眼子菜的花和子实花序生于枝梢叶腋，基部有长圆状披针形的佛焰苞。穗状花序顶生，花密集，开花时伸出水面，花后沉没水中。小坚果倒卵形，背具3条棱，中间1条具翅状突起，果顶有短喙。4月上旬越冬芽发育成新的植株，花期5—6月份，果期7—8月份。②眼子菜喜在微酸性或中性的水体环境，多生于河沟、水

① 毕捷：《内蒙古南海子湿地植物》，176页，呼和浩特，内蒙古人民出版社，2014。

② 毕捷：《内蒙古南海子湿地植物》，160—161页，呼和浩特，内蒙古人民出版社，2014。

渠、池塘中。眼子菜有很好的耐受性，可以作为修复河流水质的先锋植物，我国各地均有分布。①

南海湿地的眼子菜群落分布于光照良好的静水浅水区，以龙须眼子菜为单优种，生长繁茂，盖度可达90%。群落结构简单，伴生种较少，有狐尾藻、浮萍等。

眼子菜（庄宇 摄影）

5. 紫芒披碱草

紫芒披碱草属于禾本科，是多年生草本，中生。秆粗壮较高，高可达1.6米，秆、叶、花序皆被白粉，基部节间呈粉紫色。叶鞘无毛，叶片内卷。穗状花序细弱，较密，呈粉紫色。穗轴每节具2枚小穗，小穗粉绿而带紫色，含2~3小花。颖披针形，先端短尖头，具3脉，脉上具短刺毛，边缘、先端及基部皆点状粗糙，并夹以紫红色小点。外稃长圆状披针形，背部被毛，尤以先端、边缘及基部紫红色小点更密。内稃与外稃等长。脊上被短毛，在中部以下毛渐稀小。紫芒披碱草是国家Ⅱ级重点保护植物，产于内蒙古自治区，生于山沟、山坡草地。②

① 陈煜初，付彦荣：《水生植物轻图鉴》，155页，南京，江苏凤凰科学技术出版社，2023。

② 毕捷：《内蒙古南海子湿地植物》，167—168页，呼和浩特，内蒙古人民出版社，2014。

6. 达香蒲

达香蒲是多年生草本，水生或沼生植物，其多生于湖泊、河流近岸边，水泡子、水沟及沟边湿地等环境。其根状较壮，茎粗，地上茎直立，高近 1 米。叶片长近 70 厘米，宽约 5 毫米，质地较硬，下部背面呈凸形，横切面呈半圆形，叶鞘长，抱茎。雌雄花序远离，雄花序穗轴光滑，基部具 1 枚叶状苞片。雌性花序叶状苞片比叶宽，花后脱落。雌花小苞片匙形或近三角形，孕性雌花柱头条形或披针形，花柱很短，子房披针形，具深褐色斑点。不孕雌花子房呈倒圆锥形，具有褐色斑点。白色丝状毛着生于基部。果实披针形，具棕褐色条纹。种子纺锤形，黄褐色，微弯。花果期在每年的 5—8 月。可用做饲料，也可用于造纸。[1]

达香蒲（庄宇　摄影）

① 毕捷：《内蒙古南海子湿地植物》，159 页，呼和浩特，内蒙古人民出版社，2014。

二、南海湿地风景区植物资源的保护

(一) 南海湿地风景区植物资源面临的问题

南海湿地生态系统在本地区乃至我国西部地区具有高度的代表性和典型性，具有较好的生物多样性，既是重要的生物资源基因库和保护黄河的自然生态过滤系统，也是包头城区重要的景观区，所以应当做好相应的保护工作。

如前所述，南海湿地典型湿地植物物种消失或分布范围大大减少，陆生植物物种有所增加，湿地植被生物的生长环境，由水生生境向陆生生境进行演替。湿地植物群落的变化源自湿地环境的改变，只有湿地生态环境得到保护，才能更好地保护湿地特有的野生植物，恢复区域生物多样性，维护湿地现有的生态功能。此外，在我们的调研中还发现，景区内湖边的景观大道种植着较多的白杨树，这极有可能破坏南海湖水源，尤其是在春天。通过相关研究监测数据表明，湿地中的水生植物如芦苇、香蒲等对净化湿地水体有着不可小觑的作用。但南海湿地中的这些水生植物覆盖率较低，且没有被收割利用，就会对水质造成二次污染。[①]

(二) 南海湿地风景区植物资源的保护措施

第一，加强生境保护力度。通过优化生境类型，进一步加强南海湿地濒临消亡的自然植物物种保护工作，同时不断开展可持续性发展循环经济链等方面的实验研究，以便更科学地保护湿地丰富多样的生境，保护湿地特有动植物物种和种群。

第二，设法增加湿地的补水量。2016 年 10 月至 2018 年 10 月，南海湿地实施了湿地生态补水工程（蓄水涵闸），有效控制湿地内各水域的水位，实现湿地有序补水。在黄河汛期，采取有效措施延长汛期黄河补水的

---

① 樊爱萍等:《包头市南海湿地水污染现状与防治对策研究》，载《环境污染与防治》，2017，39（12）：1333—1336 页。

南海湿地的储留时间。适当清淤，提高湿地储水量。在汛期，湿地开启5座进水闸取水，对引水河道进行疏通和加固。在非汛期，采用浮船泵站取水作为辅助性补充水源。转变城市防洪排涝理念——建立城市海绵系统，小型降雨实行源头控制，增加可渗透地表，引导雨水就地下渗，多余雨水由植草沟排入就近水体或雨水湿地，补充地下水及景观用水，减少雨水资源浪费；大型降雨地表系统与地下管网结合，充分利用地表水体的蓄滞功能，溢出雨水通过地下管网、河道排入黄河，降低并推迟洪峰，缓解城市排洪压力。利用污水处理厂升级、人工净化湿地建设的有利契机，争取将人工净化湿地的出水作为自然湿地的主要水源。通过上述城市海绵系统，引导周边地块径流进入湿地，充分利用雨水资源。二海子引水渠入口处规划设置曝气沉砂池，对黄河泥沙进行沉淀。在南海湖、二海子内设置湖心岛与人工浮岛，增大植物吸收污染表面积，提高自然湿地的自我净化能力。

第三，治理南海的污染问题，改善水质。在治理面源污染方面，利用城市海绵系统，净化传输建成区地表雨水；建立水体周边植被缓冲带，净化农业面源污染，赋予景观绿化带生态缓冲的功能。合理配置人工湿地，并设置水质监测系统对污水处理厂尾水进行处理。对南海湖及二海子进行清淤，清淤后进行场外固化，固化产物可作为堤坝填充材料，或可作为绿化土壤，运用植被进行生态修复。引种三叶草、印度芥菜、蒲公英、龙葵、天蓝遏蓝菜、苎麻、大叶井口边草、蓖麻、柳、菌根黑麦草、紫花苜蓿、苍耳、羊茅、虎尾草、芦苇等植物进行土壤净化。

第四，强制执行外来物种审批制度，防范外来物种侵害。在实地调查时，发现了列入2014年发布的《中国外来入侵物种名单》第三批的入侵物种反枝苋，列入2016年发布的《中国外来入侵物种名单》第四批的入侵物种黄花刺茄。所以在引进外来物种的时候，要注意外来物种侵害，严格审批。

第五，加强对植物资源的监控和管理。对南海湿地的植物同样实行定期观察制度，每周记录植物物候变化，建立植物、昆虫标本室，完善植物名录和植物、土壤等资源档案库。加强对湿地水生植物的管理，增加水生

117

植物的种植密度，充分发挥其净化功能，定期对其进行修剪和收割，避免水生植物对水体造成二次污染。

第六，加强对湿地植物的科学研究。发挥湿地植物对湿地环境的基础作用。例如，2018年6月包头市南海湿地管理处与内蒙古科技大学合作开展了《人工浮岛对包头市南海湿地水质净化效果的研究》科研项目。项目主要内容为选择南海湿地一片实验水域，运用人工浮岛技术，种植千屈菜、水葱、鸢尾、水芹菜4种植物，通过对不同植物种类和相同植物不同疏密度对南海湿地水质净化效果的研究，筛选出一种或几种对南海湿地水质有明显净化效果的植物并确定其合理的疏密度，为大规模建设人工浮岛提供理论依据。2018年5月开始，项目人员种植了一批植物，分别为千屈菜、水葱、鸢尾和水芹菜，后续为了丰富实验，加种了第二批，新添了风车草、美人蕉两种植物。到目前为止各种植物长势较好，千屈菜开花正旺，粉红色的穗状花序饱满纤细，在风中摇曳，着实给二海子这片典型的湿地水面增添了一抹新色，这画面让人眼前一亮。为南海湿地景区增添了一道亮丽的风景。

三、南海湿地风景区植物资源的开发利用

优美的风景区离不开丰富的植物资源，尤其是一些当地特有的植物和珍贵的植物，更是吸引游客的吸金石。按照南海湿地及周边总体规划与适度开发规划，对风景区整体的植物风貌做了引导。总体引导原则是根据南海湿地的气候、资源等实际情况和不同的区域选择植物以提升风景区景观。

第一，针对包头干旱缺水的实际情况，选择乡土耐旱型植物品种。避免杨树等对水分需求量较大的"抽水机"类型的植物品种，将选择白桦、蒙椴、辽东栎等耐旱的乡土植物。

第二，针对南海湿地的盐碱土壤特点，选择乡土耐盐碱的植物品种。保留现有的植被，例如红柳林、芦苇丛、香蒲丛和水葱等。在此基础上增加臭椿、紫穗槐、紫花苜蓿等植物，提升风景区质量。

　　第三，结合景区的实际需要，打造特有的湿地植物景观。例如打造的雁渡苇荡景点，这是一个微缩的湿地景观区，建造了几组木栈道以引导游客进入湿地深处，在这里游客可以真正的体会到人在苇中行，雁在空中飞，野鸭水中戏，鱼儿水底游，彩蝶丛中舞的湿地意境。对于总体景观效果，在原有单一的灌草林基础上，增加乔木、灌木、地被和水生植物，且注重季相变化，形成风景背景林、滨水植物带、活动草坪、观赏花田等不同的层次，构成丰富的空间体验。增加常绿以及秋色叶树种，丰富季相变化，保障四季有景，三季有花可赏。每年春季，从景区主入口沿环湖路向西约200米，可以欣赏到桃花、杏花、梨花争艳绽放，打造白花映月的景观，让游客感受春日的盛景。夏日，万亩荷塘，荷花吐蕊，荷叶舒展，恰似一幅西湖盛景，让人流连忘返。此外，南海湿地景区还新打造了玫瑰海岸，在南海西坝种植了大约1.7公里长的玫瑰长堤，形成了玫瑰海岸，为游客提供了一个浪漫休闲的场所。

　　对于有特殊要求的区块，种植符合条件的植物。例如在鸟岛，要根据鸟类的生境需求，选择适合的丝棉木、小叶朴、芦苇、香蒲等植物，以营造适合鸟类的栖息空间。在鸟类观赏区，结合鸟类科普的功能需求，会以现状的灌草丛为主，适当增加乔木和水生植物，营造层次丰富的滨水植物景观，形成自然野趣的观鸟空间。而在人工湿地区则应选择具有净化水质效果的芦苇、水葱、香蒲、蘸草等植物。在苗圃种植区则选择具有经济效益的桧柏、柳树、胡杨、国槐、山桃、枸杞、丁香、卫矛等植物。

　　第四，坚持生态原则。选择乡土树种中抗逆性强、抗病毒虫害能力强、成活率高的乡土植物。在追求达到优美景观效果以外，还要保障植物具有一定的区域代表性，保留现状生长良好的树木及植被群落，加强对外来物种侵害的监控。南海湿地管理处根据《包头市南海湿地项目审批办法》重新修订了《包头市南海湿地保护区项目审批办法（试行）》，对引进外来物种审批作了具体规定，要求引进单位应当提交国家或地方有关审批手续、引种计划书（包括品种、数量、规格、产地等）、物种检疫合格证明、项目可行性研究报告、环境评价报告及管理部门意见报湿地资源管理保护一部初审，管理处处长集体办公会议研究审批。

第四节　南海湿地风景区旅游资源的
保护与开发利用

一、南海湿地风景区旅游资源概况

旅游资源是指自然界和人类社会凡能对旅游者产生吸引力，可以为旅游业开发利用，并可产生经济效益、社会效益和环境效益的各种事物和因素。① 旅游资源作为一种特殊的资源，一旦遭受破坏就无法恢复。所以，我们要切实加强旅游资源的保护。发展湿地旅游是开拓整个旅游市场的要求，而湿地旅游业发展较慢，市场份额较低，湿地生态旅游的发展有利于旅游市场的开拓，是未来旅游业新的增长点。

湿地生态系统的景观单一，景观结构具有一定的特殊性，在进行湿地生态旅游开发时，要注意开发项目的特色性。开发项目包括观鸟、水上体育运动、垂钓、捕鱼等活动。我国湿地类型多、分布广。从寒带到热带、从沿海到内陆、从平原到高原山区都有湿地分布，而且具有一个地区内有多种湿地类型和一种湿地类型分布于多个地区的特点。我国多地兴起的湿地旅游正得到较快发展，具备较大增长潜力，成为夏季旅游市场的新亮点。原湿地国际中国办事处主任陈克林认为，我国各地国家湿地公园建设仍处在初级阶段，还具有较大的发展潜力。2015 年 5 月，我国第一个湿地文化旅游标准体系——《曹妃甸文化旅游度假区标准体系建设指导目录》在燕山大学通过鉴定并正式发布，该标准化体系由服务通用标准、服务保障标准和服务提供标准共 180 项标准组成，其中包括 68 项国家标准、4 项

---

① 《旅游景区质量等级的划分与评定（GB/T 17775—2003）》（2005 修订），第 3.2 条。

行业标准、曹妃甸湿地服务标准 108 项。① 其核心涵盖了能源、安全与应急、职业健康、信息、设施设备、服务规范、运行管理等多个领域。这一标准的发布，填补了目前国内关于湿地文化旅游服务标准的空白，为今后我国开发湿地文化旅游资源提供了参考。

南海湿地风景区拥有特有优势的旅游资源。南海湿地融黄河、湿地和城市为一体，景观独特，具有西北地区不多见的城市内湖，是黄河湿地生态系统的缩影。南海湿地有广阔的水域及水生植物群体，适宜禽鸟栖息，有广阔的湿地自然风景区和新建的沿黄河景观大道，是沿黄河包头段的最佳观光地区。南海湿地风景区先后进行了三次大规模的基础设施改造，风景区面貌焕然一新。结合南海湿地风景区的特色旅游资源，按照最新的南海湿地规划，对南海湿地风景区的形象定位是：在全国突出湿地生态特性，将南海湿地风景区打造为"塞外黄河遗珠，钢城鸟类天堂"；在省域范围内突出人文特性，将南海湿地风景区打造为"包头源地，水旱码头"；在市域范围内突出湿地的休闲特性，将南海湿地打造为"城中湿地，休闲南海"。2017 年景区免费开放后，年接待游客约 200 万人次。随着近几年进行的南海湿地景区基础设施提升工程，开发了更多更具活力的项目，来南海湿地风景区的游客显著增多。南海湿地风景区不仅是老年人休憩和锻炼的地方，也是少年儿童亲近自然、体验包头文化的轻松课堂，更是年轻人展现青春活力和分享甜蜜爱情的胜地。南海湿地风景区结合南海湿地的特点，打造了新的南海十景。

1. 古渡层帆

古渡层帆回顾了南海子古码头千帆林立的历史。据史料记载，1850 年清朝期间，南海子码头是黄河中上游的重要码头之一，从黄河上游青海等地的盐茶、皮毛等货物通过南海子码头走水路转陆路运至北京、天津等地，内地的丝绸、日用品在南海子码头由陆路转走水路运往上游各地，因此包头市历史上素有"水旱码头"之称，也被称为"皮毛集散地"。当年

---

① 李延利：《中国首个湿地旅游标准化体系在秦皇岛发布》，载河北新闻网，2015—04—19。https://travel.ifeng.com/news/china/detail_2015_04/23/41018919_0.shtml，最后访问日期 2023 年 9 月 8 日。

过往船只众多，因此，南海子码头曾有过千帆林立的胜景，包头也成为全国重要的经济枢纽。另外，因有大量山西河曲人到南海做苦力、做买卖，因此，南海子码头也记录着走西口人民，也就是最早一批包头人艰难创业的辛酸苦累。曾经的南海子渡口千帆林立、盛景非凡，如今的南海子码头景色优美、游人如织。2020年，南海湿地景区基础设施改造升级，大船码头西移并增设张拉膜遮阳伞和休息座椅，提升了游客候船的舒适度和体验满意度。

2. 百花映月

南海湖畔新建采摘园，以种植桃树、杏树、梨树等为主，描述了春天湖水掩映处，各种花飞落的美景。满足游客春天赏花的需求。

3. 黄金海岸

黄金海岸是目前市区最大的人造沙滩，营造湖滨、海滩休闲空间。细浪白沙，为游客提供了休闲娱乐的场所。

4. 玫瑰海岸

玫瑰是爱情的象征，南海西坝种植了大约1.7千米长的玫瑰长堤，形成了玫瑰海岸，为游客提供了一个浪漫休闲的场所。

5. 南堤春晓

南堤是南海湖最后修成的一道堤坝，全长3千米，将南海湖与黄河分开，因而也形成了长约3千米的南堤风光，北是风光旖旎的南海湖，"平波荡漾鹅黄柳，微雨轻摇细细风"，南是典型的湿生草甸，芦草茂盛、鸥鹭起飞。

6. 雁渡苇荡

雁渡苇荡是一个微缩的湿地景观区，建造了几组木栈道以引导游客进入湿地深处，在这里游客可以真正的体会到"人在苇中行，雁在空中飞，野鸭水中戏，鱼儿水底游，彩蝶丛中舞"的湿地意境。

7. 长堤经纶

2016年，包头市东河区根据《包头市南海湿地及周边地区总体规划与适度开发区详细规划》以及5A旅游风景区标准进行南海旅游风景区基础设施建设的改造升级，项目总投资约1.3亿元，其中重新铺设环湖机动车道、彩色沥青自行车道和健身漫步道，更新道路的灯光系统、弱电系统、喷灌系统，进一步提升风景区服务档次。长堤经纬描绘了南海湖一周红绿相间的道路系统，是观赏湿地风光的主要风景旅游线。

8. 花田月下

该景点是南海湿地风景区新规划的婚博园区项目的婚纱摄影基地，草地婚纱摄影是不变的经典风格，可以更好的亲近大自然，让幸福中带有小清新，春天和夏天更是拍摄绿地婚纱照的最佳选择。

9. 水禽泽国

走在伸入湖中的百米木栈桥上，游客可以观赏到白琵鹭、鸬鹚、白鹭、苍鹭、遗鸥等珍稀鸟类，该区域已成为南海重要的鸟类观赏区。

10. 蓬岛观音

南海拜观音，家和万事兴，在南海观音道上有观音礼佛区，养殖孔雀100余只，还有梅花鹿、鳄鱼、鸸鹋等珍稀动物，是一个集礼佛、观赏、娱乐的蓬岛神皋，游客可以乘游船或是快艇上岛观赏。目前，湖心岛是南海湿地风景区的制高点，登高远眺，南海湿地风景区的全貌，还有整个城区及中华民族的摇篮——黄河尽收眼底。

二、南海湿地风景区旅游资源的保护与开发利用

经过30多年的湿地保护工作，南海湿地的自然环境保护状况良好，且逐年有所提升，不仅从环境保护方面承担了附近因干旱而消退的国际公约湿地"鄂尔多斯遗鸥自然保护区"的部分生态功能，还从文化教育方面积极开展重视湿地科普与文娱活动，向社会大众展示湿地的生态重要性与景观魅力。

然而，南海湿地如今也面临着许多瓶颈。首先，外部边界因周围城市与乡村的蚕食而逐渐失去了生态自然空间的属性，急需重新界定功能区划，引导游人与动物的活动路径与方式；其次，内部基础与休闲设施大多陈年老化，无论从形态还是功能上都无法满足当代的生态保护、科普教育与娱乐休闲活动，急需整体升级，以便丰富游人体验、增添多样生境。因此，需要从以下几个方面开发利用南海湿地风景区。

（一）重点开展湿地生态保护和建设工作

南海湿地为黄河变迁遗留下来的故道，属黄河冲积下的湿地泛洪平原。每到黄河凌汛期湿地面积扩大，是自然的蓄滞洪区；凌汛期过后呈现出疏林地、草地、沼泽和湖泊多样的生态环境。南海湿地旅游景点项目的设置及服务设施的建设必须按照有利于湿地保护的原则进行，并体现地方特色和民族风格，与自然景观相协调。结合习近平总书记2019年9月18日就做好黄河流域生态保护和高质量发展的五点意见，开发利用好南海湿地风景区要做到以下几点：一要加强生态环境保护，这是开发利用黄河资源的前提。要重视湿地生态系统的保护，促进河流生态系统健康，提高生物的多样性。在开发南海湿地风景区的过程中，始终贯彻以保护为主的精神。例如在整个风景区的照明工程建设中，将灯光照明根据区域照明需求和所处区域的生态环境不同，将整个风景区的照明分为高照度区、中照度区和低照度区三个部分。要求灯光设计要减少对水禽、鸟及鱼类等栖息环境的破坏，以尊重自然、减少人为干预为原则；减少对生物体有不良影响的光波段；减少低效与不必要的人造灯光，减少无用灯光；禁止使用射灯；白天不使用时，灯具是现存设计的补充，而不妨碍它们功能的完整性。二要对南海湿地实施河道和滩区综合提升治理工程，保障黄河的长治久安。三要推进黄河水资源节约集约利用，合理规划人口、城市和产业发展，坚决抑制不合理用水需求，大力发展节水产业和技术，大力推进农业节水，推动用水方式由粗放向节约集约转变。南海湿地的地表水主要来源为黄河水，其次为地下浅层补给水和大气降水。南海湖的水量每年凌汛期从黄河人工抽水补给。南海湿地处于半干旱草原地带，年平均降水量为307.4毫米，但南海湿地年蒸发量在2342毫米。要解决蒸发量大于降水量、补给量的问题，必须建设新的水循环系统，保障南海水文系统的稳定性。四要保护、传承和弘扬黄河文化。包头文化作为黄河文化的一部分，在开发利用南海湿地的过程中应当保护、传承和弘扬其历史文化，讲好南海故事，承载包头市建城起源与民族融合的文化记忆。

（二）科学规划，建设南海湿地旅游业发展和产业布局

参照国家湿地旅游示范基地的行业标准，提高湿地旅游资源规划开发质量，要以包头南海湿地公园及周边生态区域为景观资源主体，以生态保护与生态恢复功能为核心，努力打造城湖一体、乡野谐趣、人鸟与共的塞外湿地天堂，遵循以湿地保护为主线，推进文化创意、休闲旅游、生态养殖等业态快速发展的总体思路。

2006 年，东河区政府按照"五大特色经济区域"战略规划，对南海湖生态旅游区进行了规划，坚持以水为主题，开发与保护并重的原则，建设以南海湖为中心的生态观光及休闲娱乐度假区。重点围绕南海湖的 5000 亩水面，进行了堤坝加固，修建了环湖景观道路和景观工程，总投资 3.2 亿元。为了给游客提供更加优质舒适的旅游环境，进一步满足游客的旅游需求，截至 2019 年，景区进行了三次大的改造建设，目前已建成 8.7 公里的环湖景观道路、7.8 公里的健身步道；建设了 6 万平方米的北入口广场、水中舞台、平安广场、沙滩浴场、红色收藏馆、1 个游客中心和 2 个服务站，种植了 3 万余株树木、地被植物 12 万平方米，安装了智能监控系统、音响系统、门禁系统、浇灌系统和弱电管道系统，景区 Wi－Fi、监控实现全覆盖；在景区主入口的服务中心，为游客提供问询、纪念品售卖、各种景区项目票卡售卖、餐饮服务、休息等服务功能。下一步还将对大小船码头进行升级改造；依托红色收藏馆，结合景区特色大船建设红色教育基地和自然道德生态基地；完善垂钓设施，增设钓鱼平台；引入智慧体育产业；建设观鸟平台，开展研学旅游。

2015 年，东河区政府聘请北京土人城市规划设计有限公司对内蒙古包头市南海湿地自治区级湿地自然保护区、包头沿黄河国家湿地公园的南海段以及周边地区规划建设进行规划，优化产业空间布局。整合拥有相似文化资源的区域，形成具有文化联系性与延伸性的文化产业发展带；着眼于重大文化项目的集聚、带动、示范效应，打造特色文化产业集聚区，实现资源环境、城市文化功能与重点行业的协调发展。编制了《包头市南海湿地及周边地区总体规划与适度开发区详细规划》，2016 年 6 月，包头市规

划委员会第 4 次会议研究通过了规划。

整合资源，优化法人治理结构。组建包头市南海湿地投资集团公司，集团公司负责利用土地、现金流和项目，为公司发展提供贷款资金；四个子公司重点进行文化旅游、养殖、水处理、自然学校等的运营，筹建体育产业公司、婚庆产业公司、湿地农业体验产业公司等，在南海湿地逐渐形成文化产业、旅游休闲、科技商贸产业服务集聚区，形成文旅商科融合发展的产业格局。

（三）加强景区景观整治工作

近几年，东河区以提升城市生态环境质量为出发点，实施绿化精品工程，充分利用南海湖、城区河道等自然生态环境要素，大力开展造绿工程，通过加大东河槽综合治理改造、南海湿地景观综合治理等一批重点工程的建设，让群众身边有了"城市绿心"。

加强旅游基础设施建设，提升旅游体验。加强景区游客服务中心、旅游道路、步行道、停车场、厕所、供水供电、应急救援、游客信息服务以及垃圾污水处理、安防消防等基础设施建设，进一步完善游客咨询、标志标牌等公共服务设施，营造舒适的旅游体验感。

2016 年，东河区政府再次投入大量资金对南海湿地景区重新进行改造建设，建设了鸟博馆、雁渡苇荡两座游客服务站，新植乔木 9002 株，新植灌木 3595 株，地被植物 11.15 万平方米；铺设彩色沥青环湖路 4.5 万平方米，新修彩色沥青健身步道 1.9 万平方米，更换侧石 1945 米，新建影像监控中心、全园 Wi－Fi 系统，建设浇灌系统 9800 米、弱电系统 9000 米。

2019 年，南海湿地风景区进行大规模提档升级改造工作，整治道路、广场，增加餐饮服务场所、旅游厕所、民俗风情街，提升了服务水平。同时，还举办了黄河鲤鱼节、风情节、周六健步行、冰雪节等丰富多彩的文化旅游活动，吸引了大批游客，成为包头最具人气的旅游风景区之一。

为给广大游客提供更加舒适、便捷的旅游环境，打造集"吃住行游购娱"为一体的综合旅游风景区，2019 年上半年南海湿地风景区管理处对环湖基础设施进行改造建设，一是完善旅游基础设施，拆改临时建筑、修缮生态厕所、翻新沙滩细沙。修建休闲凉亭 7 个，铺设草坪地毯 200 平方米，搭建遮阳棚 10 个，为游客休闲旅游提供更多便利。① 二是实施景区亮化工程。为改善与美化南海湿地景区夜间环境，2019 年 6 月中旬，经南海湿地管理处研究决定，组织实施南海湿地景区亮化工程，主要对景区游客中心、景区大门、南海湿地风情街、观海台、游船、主广场西通道及风情街周边树林进行了亮化。截至目前，共安装设置景观灯笼 12 套、ABS 古典灯笼 19 套、LED 灯 450 套、幕墙灯 1000 米等。此次亮化工程在灯具的选择上，采用节能灯、LED 模组等绿色环保产品，避免强光、眩光，做好了亮化与周围环境的有机统一，形成了舒适、丰富、独具特色的照明效果。每天 20：30～22：00 期间全景区亮灯，为夜游南海湿地的游客提供便利。亮化后的南海湿地景区流光溢彩，成为了东河区的一道新夜景，夜间游客明显增多。通过实施此次亮化工程，不仅优化、美化、亮化了周边市民的生活环境，也提升了市民的获得感、幸福感和安全感，更为城区夜色增添了一分魅力。三是将原水中舞台处的高尔夫球场改为高档咖啡屋，将原南海嘉年华游乐场改建为占地 11006.9 平方米的南海湿地风情街，建成特色商铺 13 间，美食街商铺 23 间，酒吧、啤酒屋、茶园共 3 间，优化了旅游服务环境，为游客提供了便利的休闲餐饮及购物场所，完善了"吃住行游购娱"旅游要素，全面提升了南海湿地景区为民服务品质。②

2020 年，南海湿地景区基础设施建设成效明显，景区总体风格更加年轻化、现代化，打破传统景区旅游模式，扩大景区旅游受众范围，将时尚、活力注入南海，让游客不出远门即可享受高端品质的休闲生态旅游。③

2023 年，南海景区重点实施新建西门、提档升级东门及围栏工程，总投资约 716.04 万元，工程分一、二期工程建设。目前，一期工程已完成，完成投资约 425.5 万元。④

---

① 贾艳：《南海湿地风景区换新颜》，载包头广播电视台网站，http://www. btg-dt. com/2019/0825/52116. shtml，2019 年 10 月访问。
② 由南海子湿地自然保护区管护中心 2023 年 10 月提供。
③ 由南海子湿地自然保护区管护中心 2023 年 10 月提供。
④ 由南海子湿地自然保护区管护中心 2023 年 10 月提供。

（四）实施"生态＋文化＋体育＋旅游"的发展模式，打造四季魅力南海

建设"生态优先、绿色发展"的新格局。创新产业模式，推动南海湿地旅游从"门票经济"向"产业经济"转变。创造新的经济增长点，针对刚性需求，增加儿童学生的自然体验研学游、适婚青年的婚庆项目、医养结合的养生养老项目，同时增加体验式捕鱼、沙滩足球、排球、美食大排档、景区服务站等项目。为南海文创中心提供条件，鼓励青年人才大胆创新、设计，将生态创意产品转化为文化旅游纪念品。重点打造南海湿地科普体验中心（原黄河湿地博物馆），实现冰火两重天、四季旅游，为游客提供休闲、健康、养生、娱乐等全新体验。

抓文化品牌打造。注重品牌化管理，培育品牌文化项目，打造文化旅游精品、文化艺术精品、文化节庆精品。依托南海湿地、小白河湿地等生态景观，打造黄河生态文化品牌。打造精品旅游线路——黄河湿地风情旅游线路：南海湿地景区—沿黄河景观大道—昭君湖（小白河）旅游区—萨如拉渔家乐—昭君岛。以南海湿地、昭君湖（小白河）旅游区为主，凸显湿地景观、休闲体育、水上娱乐类型的都市避暑休闲游。南海湿地风景区积极响应国家大力发展健身休闲旅游的号召，加强体育旅游公共服务设施建设，新增特尔斯水上俱乐部，项目包括摩托艇、皮划艇、龙舟等。俱乐部设施完善，环境优美，项目丰富，精彩刺激。

打造南海湿地文化创意集聚区。充分利用黄河湿地优美的自然景观和水旱码头独特的文化风俗，加快推进黄河湿地生态园、南海湖旅游体验园等功能区建设，积极策划大型湿地实景演出项目和室内情景体验演出项目，规划艺术庄园，大力开发南海湿地文化系列产品，全面升级南海湿地鸟文化博物馆，打造以艺术创作、文化休闲、文化旅游为主的创新型、生态型文化创意产业集群。

南海旅行社与自然学校、文创中心结合，与周边教育机构、风景区、旅游产品经营商进行合作，开展"生态旅游＋科普教育＋生态创意产品文化"活动。连续11年，风景区按时节先后举办了"南海湿地黄河鲤鱼节"

"南海湿地风情节""南海湿地冰雪节"系列活动和多种形式的体育赛事活动，促进了"生态+文化+体育+旅游"模式的发展，吸引了大批游客。南海湿地风情节每年5—10月开幕，在风情节期间南海景区举办万人相亲会及铁人三项赛、赛龙舟等丰富多彩的赛事活动。冬季，南海湿地景区作为包头市唯一一家有着5000亩天然冰面的景区，带动着包头市冬季旅游经济，使南海冰雪节快速成为包头市旅游业的一个旅游品牌。南海冰雪节每年11月至次年2月举行，丰富的活动内容、创新的活动形式以及参与性广的冰雪活动，深受广大民众的喜爱，使得南海冰雪节成为包头市冬季旅游活动的亮点。同时，依托南海湿地资源，大力实施品牌战略，提升湿地产品生产能力，推动湿地高质量发展，以上市公司为目标，改制了包头市南海湿地投资集团公司。

结合南海湿地四季的无限风光，打造一年四季不同的魅力南海，春来观鸟、夏可避暑、秋来赏景、冬可滑雪，吸引全国各地的游客前来观赏、游玩。

春来观鸟。春天的南海湿地，乍暖还寒，南海湖碧波荡漾，湖滨水草丰美，天空鸥鸟翱翔。每年2月中旬至3月末，南海湿地就成了鸟儿的天堂。在宽阔的水域、浩瀚的芦苇荡，大批的旅鸟飞到南海湿地觅食、休息，补充能量，3月底再继续北上。湿地观鸟在南海，不负一年春时节。开展南海鲤鱼节、生态音乐节、南海湿地观鸟节等活动。

夏可避暑。南海湿地的夏天，草原风情多豪放，塞外风景胜西湖。南海湿地夏天的平均温度在22.2℃，非常适合避暑。大自然赋予了南海湿地浩瀚的湖水、灵动的鸟儿、怡人的风景和凉爽的夏天，成为城市里避暑胜地。夏季适合开展水上活动，通过举办运动类的活动赛事吸引游客。开展赛龙舟、水上运动嘉年华、河灯文化节、竞技垂钓节等活动。

秋来赏景。南海湿地风景区的秋天，不温不火，宁静而又缜密。满载一船秋色，平铺十里湖光。丰富的色彩和丰收的喜悦使秋天充满了浪漫气息，所以在秋季打造南海艺术季活动，活动趋于平民化，旨在将艺术融入市民生活。例如举办南海湿地摄影比赛、民族音乐节等。

冬可滑雪。冬天的南海，大雪纷飞，让人们仿佛来到一个优雅恬静的境界，来到了一个晶莹剔透的童话世界。为了助力东河区四季旅游的开展，丰富市民朋友们冬季旅游活动内容，南海湿地风景区依托得天独厚的自然资源连续多年打造冬季冰雪项目。精心打造了南海冰雪乐园，乐园中有雪上飞碟、雪地卡丁车、悠波球、大小冰车、雪地摩托等10多项冬季冰雪娱乐项目，使游客在欣赏南海湿地冬季美景的同时，亲身体验北方冰雪世界的无穷乐趣。不期而遇的美丽，让游客们相识在南海湿地的冬天。

（五）大力推进旅游信息化、景区智能化建设

大力发展智慧旅游，加快旅游信息化建设，加强与包头旅游资讯网、包头旅游官方微博、微信平台的合作，充分利用移动终端设备，构建旅游信息化服务平台，实现旅游在线服务、短信提示、网络营销、网络预订等功能。推广景区数字与服务技术，实现无线导游、游客分流、车辆调度、安全监控等功能。建成新的南海湿地景区游客中心，建立涵盖住宿、餐饮、购物、娱乐、交通等要素的一体化旅游咨询服务体系。

建设智能景区，开展"互联网+"服务。与美团、携程等网上交易平台合作，开通微信支付功能，完善智能停车场系统，进一步改造提升景区入口、服务区、停车场等硬件设施，为游客提供全方位服务。2018年，南海湿地风景区完善监控指挥中心建设，监控工程安装了10个摄像头，其中包括2个智能红外球机、7个云台球机和1个热成像球机。2023年，新增20多个高清全彩摄像头，实现了景区监控全覆盖。2019年对景区停车场进行改造，新增无感支付功能，将停车场产业智能化。2020年南海湿地风景区打造了内蒙古首条智慧跑道，南海湿地智慧跑道系统是通过超高频信号采集器采集跑步数据，基于大数据、云计算及物联网技术于一体，以竞技体育、全民健身为基本架构，打造全新的大数据生态系统。跑道全长8.73公里，设立5个计时点，可进行跑步、健步走等各类体育健身活动，实时排名并生成完赛证书。南海湿地智慧跑道系统是内蒙古自治区第一家全民健身、竞技类智慧跑道系统。跑友们可以随时体验马拉松赛事级别的计时服务。支持多种排名定制规则，提供即时成绩查询及证书下载。系统可自动获取个人运动数据，实时与云同步，并实现远程控制管理，实现无人化

值守，自动运行。此外，太阳能、风能供电，超低能耗，低碳环保。

今后，南海湿地景区将继续以智能化景区建设为核心，指挥管理平台及 AI 智能人脸识别储物柜等，为南海湿地进一步提档升级，为周边地区的居民提供一个湿地旅游、保健疗养、科普教育和体育健身的游览胜地。

强化景区合作，逐步实现信息共享。主动与五当召、成吉思汗陵、响沙湾对接，联手包装打造"名水名刹名人名沙"黄金旅游线，推动南海旅游走向全区乃至全国。加强区域协作和联系，积极引进区内外资本、人才和技术，引进现代设计创意、经营理念、管理模式，提升旅游服务档次和接待水平。

加大文旅产品宣传营销力度，推动旅游宣传营销全覆盖。完善境内外旅游宣传推广体系，加强与主流媒体、知名网站、自媒体、旅游企业等合作，逐步实现旅游宣传营销专业化、网络化，打造"草原钢城，魅力包头"品牌。集中资金、集中区域、集中时段对重点客源城市和主要交通干线沿线城市进行持续宣传推广。南海湿地风景区积极参与包头旅游新媒体推广联盟，通过南海湿地管理处网站、南海湿地微博、南海湿地景区微信公众号、南海湿地景区抖音号，宣传南海湿地景区的活动。以发展智慧旅游为契机，通过网络发布各类旅游资讯，加强节庆和重大活动营销，策划丰富多彩的旅游主题活动。2023 年，包头南海景区在四川成都举办招商引资推介会，就南海地区发展优势、产业规划以及文旅招商引资项目进行专题推介。赴成都对接台丽集团，洽谈文旅康养等项目的合作；赴昆明斗南国际花卉产业园区开发有限公司考察对接，并邀请企业到我区考察。在包接待华侨城科技集团、山东内蒙古商会、重庆内蒙古商会、内蒙古自治区文旅厅、陕旅集团等企业团体的考察调研，探讨利用南海湖西侧保利地块特色打造文旅产业集群、文旅产业链。

强化营销宣传，提高南海湿地知名度、美誉度。推出旅游形象口号

"美丽湿地、休闲南海""吉祥湿地、避暑胜境"。开展 OTO 模式①宣传，在内蒙电视台黄金时段和自媒体播出南海湿地形象片，针对区域性、季节性市场的需要和特色优势产业扩张需要，在部分地级市电视媒体上做好产业和品牌形象的宣传，建立旅游产品统一包装促销体系，搞好旅游目的地的营销和宣传，打响南海品牌。选拔优秀导游员、讲解员，不断加大生态宣传和文化旅游、旅游产品的导游导购，积极参与社会商务性、礼仪性活动创收。创新提升湿地风情节等三大节事品牌，丰富旅游资源。

（六）加强对南海湿地风景区旅游安全监管

一是加强市场诚信建设。旅游行业实行旅游企业服务等级评定制度，开展旅行社和旅游车辆服务质量等级评定工作。旅游协会要完善行业自律规则和机制，引导会员企业诚信经营。推行旅游企业红黑榜制度，督促企业和从业人员加强自律、诚信经营，对旅游景区、旅行社、星级酒店、导游员诚信缺失及不文明行为进行曝光，完善违法信息共享机制。推动景区景点进一步做好文明创建和文明旅游宣传引导工作，加大景区文明旅游执法，落实文明旅游公约和行为指南，积极营造诚实守信的消费环境，引导游客文明出游、文明消费。

二是加强对景区安全生产监督检查，确保景区旅游安全。每逢假期，南海湿地景区都会组织相关部门对湿地景区进行安全生产监督检查，对景区安全用电、用气以及消防安全管理等问题进行监督检查。为了切实加强水上安全管理工作，提高突发公共事件的应急反应能力和自救、互救能力，提升水上安全应急处理服务技能，确保水上交通安全及水上活动安全，营造安全、和谐氛围。南海湿地景区公司于 2019 年 6 月 28 日上午开展了水上应急演练培训。每年春冬两季，管理处都会对湿地景区的防火安全工作进行检查，确保景区的消防安全。每年夏季，为了保护市民的生命

---

① OTO 模式称为"从线上到线下"模式，是英文"Online To Offline"首字母缩写。这一模式是互联网经济发展的产物，将线上和线下进行联动，通过线上的宣传，促进线下的消费。利用微信、网络等平台的庞大用户流量和方便快捷的使用方式，对消费者消费需求和喜好进行精准定位分析，推出线下活动，促进线下消费。

安全，南海湿地景区采取多种措施，加强对野泳的监督管理，避免出现市民溺水事件的发生。

（七）优化文旅产业的投融资方法

为切实解决长期以来旅游资金投入不足的瓶颈问题，包头市政府鼓励社会资本参与文化旅游产业项目建设，发展文化旅游产业。近几年，在市政府政策措施的支持下，社会资本及民营企业采取多种投融资方式，积极筹措资金，建设文化旅游产业项目。2019年文化旅游项目31个，基本上都是社会资本在投入。为帮助企业融资，相关部门积极与银行协商，搭建融资平台。2019年6月，相关部门与内蒙古包头农商银行组织召开金融支持文旅产业对接会，并与包头农商银行签定战略合作书，为包头市文化旅游企业融资提供平台。旅游重点支持全域性旅游整体开放开发，培育打造多元化、复合型的旅游综合体。每年筛选出需协调推进的旅游建设项目，列入全市重点项目。金融部门要把旅游业纳入重点支持领域，支持旅游企业采取项目特许权、运营权、旅游景区门票质押担保等方式扩大融资规模，优先安排贷款资金。整合全市旅游资源，引进社会各类资本，参与旅游项目的合作开发。为了加快南海湿地景区发展，2010年包头市人民政府决定并成功向内蒙古自治区开发银行贷款8500万元，用于南海湿地污染河水强化处理系统、湿地低污染水生态净化与资源化工程、湿地原生态保育与生态修复工程、湿地景观建设工程与生态环境管理的项目建设。此外，根据规划，南海湿地在湿地博物馆、湿地农业体验中心、体育公园等准公共产品的建设中将采取PPP模式①进行建设运营，充分利用社会资源，提升服务质量。

---

① PPP模式是英文"Public - Private Partnership"首字母的缩写。PPP模式是指在基础设施及公共服务领域，政府与社会资本长期合作，由社会资本承担设计、建设、运营、维护基础设施的大部分工作，并通过"使用者付费"及必要的"政府付费"获得合理投资回报；政府部门负责基础设施及公共服务价格和质量监管，以保证公共利益最大化的运营模式。

第五章　包头市南海湿地风景区
坚持贯彻落实"依法治湿"理念

　　包头市南海湿地风景区在开发建设过程中，始终坚持贯彻落实"依法治湿"理论，取得了显著效果，值得其他地方学习借鉴。

第一节　南海湿地风景区"依法治湿"的立法概况

一、南海湿地风景区"依法治湿"的必要性

（一）保护南海湿地稀缺资源的紧迫性

　　保护湿地是保障国家生态安全的需要。湿地是一种多类型、多层次的复杂生态系统，具有水陆过渡性、系统脆弱性、功能多样性和结构复杂性特征，支承着独具特色的物种和较高的生产力。① 南海湿地地貌主体为黄河冲积下的湿地平原，是黄河河道南移后留下的河段、滩头林地和草地。南海湿地内物种丰富、环境优美、景观独特，具有调节气候、净化水体、保存物种多样性等不可替代的生态价值、经济价值和科学研究价值，是包头市一处得天独厚、弥足珍贵的自然资源。但是由于多种原因，南海湿地内一度砖窑、违章建筑物等并存，水体质量不乐观，一些建筑甚至阻挡了自然水系。面对生态环境恢复与保护的紧迫性，制定一部专门的湿地保护法规显得十分必要。

---

　　① 《中国湿地保护计划》（2000—2020 年）。

（二）依法治湿是现实需要

现实需求是创造之母，是制度产生和发展的决定性力量。在保护湿地立法条例出台以前，由于长期以来对湿地生态价值的宣传不够，人们对湿地生态价值的认识普遍不高，再加上保护管理投入不足，管理体制不完善，南海湿地周边村民盲目开垦、随意侵占、放牧、擅自捕捞、非法捕鸟、污染加剧等破坏湿地的情况较为严重。据2004年的新闻报道，南海湿地的环境问题非常严重。许多湿地被开垦作为农田，被当地农牧民作为草场放牧，南海湿地有300多公顷近40%的湿地被当地农民掠夺式、无序无度地开垦和放牧。村民还在湿地保护区附近修建砖窑、瓦窑，搬运、采挖湿地黄泥作为砖坯。在保护区附近建了煤市场和选煤场，造成煤粉污染，整个植被区树叶都呈黑绿色。再加上城市污水未经处理排入黄河，使南海湿地遭遇严重的污染和侵袭。在自然变化和人为活动的共同影响下，致使湿地面积萎缩，生物多样性减少，生态功能下降。因为没有法律的授权，南海湿地管理处没有执法、监督等职权，所以对于上述破坏湿地的行为难以自行处理，更多的是需要联合公安、环保等部门处理。侵占、破坏湿地的主要原因是缺少立法。一方面管理机构没有被法律赋予职权；另一方面，周围群众认为没有法律规定即可为，不担心会有法律后果。当然，周围的群众、村民的法律意识很淡薄，他们也不太在意。

湿地生态恢复及保护区内生产经营项目的清理整顿任务仍然十分艰巨。为了保护湿地的自然环境与资源，使之能够永续利用，加大对湿地自然保护区的保护力度，制定一部符合南海湿地实际的地方性法规十分必要。

此外，在处理2004年空难污染南海的赔偿问题时，由于没有相应具体的法律依据，难以确定最终的赔偿额。一直拖了近两年才最终签订了赔偿协议。这一事件使南海湿地管理处深深感到完善相关法律的重要性。面对湿地生态环境保护与恢复的紧迫性，管理处为促进依法治湿做了大量工作。

（三）依法治湿是依法治国的必然要求

积极探索依法治湿的治理体系，是认真贯彻执行党的依法治国方针的体现。特别是党的十八届四中全会作出了《中共中央关于全面推进依法治国若干重大问题的决定》，对我国社会主义法治建设提出了具体的要求。但我国在湿地保护的立法方面非常薄弱，与全面依法治国的要求相差甚远。截至 2023 年 9 月，通过"北大法宝——中国法律检索系统"以"湿地"为关键词搜索，共检索到中央法规 92 篇，现行有效 88 篇。其中法律 1 篇，行政法规 11 篇，部门规章 76 篇，司法解释的典型案例 2 篇。以湿地保护条例为关键词查询，共检索到 111 篇关于湿地保护的地方法规，现行有效 76 篇。其中地方性法规 96 篇，地方规范性文件 3 篇，地方工作文件 12 篇。除了上海、山西、湖北和甘肃（甘肃省于 2004 年施行《甘肃湿地保护条例》，2013 年修正，但于 2022 年 6 月废止了该条例）以外，其余 27 个省、自治区、直辖市都制定了湿地保护条例。黑龙江省是最早制定湿地保护条例的省份，从 2003 年 8 月 1 实施，期间 2010 年修正了一次，2015 年废止、重新制定了一次，2018 年又修订了一次。广东省的湿地保护条例修正、修订最多，从 2006 年 9 月施行至今，已经修正、修订了 4 次。发布湿地保护条例最多的年份是 2018 年，这一年很多省份都修订了湿地保护条例。修订的原因在于：《全国湿地保护"十三五"实施规划》和《贯彻落实〈湿地保护修复制度方案〉的实施意见》的通知、《湿地保护管理规定》的修订和 2018 年 4 月国家机构改革。

在一些湿地资源较为丰富的设区市、旗、州还制定了专门的湿地保护条例。截至 2023 年 9 月，主要有以下 30 个条例：《杭州市湿地保护条例》《洛阳市湿地保护条例》《商丘市黄河故道湿地保护条例》《呼和浩特市湿地保护条例》《淮安市湿地保护条例》《无锡市湿地保护条例》《沈阳市湿地保护条例》《盘锦市湿地保护条例》《青岛市湿地保护条例》《东营市湿地保护条例》《德州市湿地保护条例》《济南市湿地保护条例》《包头市湿地保护条例》《鄂温克族自治旗湿地保护条例（2023 修正）》《张家口市官厅水库湿地保护条例》《盐城市黄海湿地保护条例》《苏州市湿地保护条例》《连云港市滨海湿地保护条例》《南京市湿地保护条例》《郑州市湿地保护条例》《常德市西洞庭湖国际重要湿地保护条例》《长沙市湿地保护条例》《达州市莲花湖湿地保护条例》《阿坝藏族羌族自治州湿地保护条例》

《大理白族自治州湿地保护条例》《渭南市湿地保护条例》《西安市湿地保护条例》《乌鲁木齐市湿地保护条例》《巴里坤哈萨克自治县湿地保护条例（2019 修正）》《和布克赛尔蒙古自治县湿地保护条例》。这些地方性法规和规章为当地的湿地保护提供了法律保障，指导当地开展湿地保护工作。弥补了 2021 年以前湿地国家立法的空白，为湿地保护立法提供了良好的实践基础。

此外，一些地方还专门制定出台了湿地自然保护区条例或湿地自然保护区管理办法等地方性法规、地方政府规章或地方规范性文件，但数量相对较少。以湿地自然保护区为关键词，总共有 10 篇涉及湿地自然保护区的地方立法或地方规范性文件，例如：《福州市闽江河口湿地自然保护区管理办法（2022）》《包头市南海子湿地自然保护区条例（2019 修正）》《武汉湿地自然保护区条例（2018 修正）》《拉萨市拉鲁湿地自然保护区管理条例》《郑州黄河湿地自然保护区管理办法（2020 修正）》《上海市九段沙湿地自然保护区管理办法》《黑龙江倭肯河省级湿地自然保护区管理办法》《博尔塔拉蒙古自治州艾比湖湿地自然保护区管理办法》等。这些地方法规根据我国《自然保护区条例》的相关规定，结合各自湿地自然保护区的特点，制定了较为详细的湿地自然保护区管理规定，进而更好地保护湿地。

南海湿地因为现实需要和湿地生态环境保护和恢复的紧迫性，率先通过立法的方式保护湿地，创新了湿地保护治理体系，远远超过了其他地方，值得称赞。

还有一些设区的市制定了湿地保护管理办法。以湿地保护管理办法为关键词，在北大法宝上查到 16 篇地方法规、地方政府规章或地方规范性文件，例如：《福州市湿地保护管理法（2018 修正）》《潍坊市湿地保护管理办法（2023 修正）》《滨州市湿地保护管理办法》《锦州市湿地保护管理办法》《拉萨市湿地保护管理办法》《南昌市湿地保护管理办法》《南充市湿地保护管理办法》《葫芦岛市湿地保护管理办法》《东营市湿地保护管理办法》《乌海市湿地保护管理办法》等。

由此可以看出，我国关于湿地的法律制度效力层级低，且内容多为调整国家自然保护区的通知和一些问题的批复，最早的是 1992 年《国务院关于决定加入〈关于特别是作为水禽栖息地的国际重要湿地公约〉的批复》。对于湿地保护的具体行政法规、部门规章更少，较为详细的是《湿地保护管理规定》，但是也仅仅有 35 条。这是由国家林业局在 2013 年 3 月 28 日发布，同年 5 月 1 日实施的部门规章，由国家林业局于 2017 年 12 月 5 日进行了修订。可以说，我国关于湿地保护的立法层级低，立法起步晚，立法内容少，与我国湿地的重要生态功能不匹配。据最新统计，我国湿地面积约 5634.93 万公顷，占全球湿地面积的 4%，居亚洲第一位，世界第四位。[①] 缺少完善的法律制度，非常不利于湿地保护工作的开展。自 1998 年开始，国务院有关主管部门就开始着手起草我国的湿地保护条例。从 2004 年到 2016 年，起草湿地保护条例先后三次被列入国务院的立法规划，但由于争议过大，湿地保护条例并没有形成。全国人大环境与资源保护委员会也就我国湿地保护立法工作进行了调查研究，推进立法进程。调查结果显示，我国湿地保护的立法主要集中于地方性法规，对湿地相关问题理解不到位，导致湿地的实际保护力度与效果无法达到预期。[②]立法条件尚不完全具备，仍需继续研究论证。

多年来，湿地保护立法也一直是全国人大代表持续关注的重要议题。十届全国人大会议以来，陆续有代表提出关于湿地保护的立法议案和建议，这些议案反映了人民的心声。如 2015 年，有 123 位全国人大代表提出关于制定湿地保护法的议案，建议我国应尽快制定湿地保护法，明确湿地保护的职责，落实保护责任。

2018 年 9 月，湿地保护立法被列入第十三届全国人大常委会 5 年立法规划，由全国人大环资委负责湿地保护法的起草工作，正式发函委托国家林业和草原局起草湿地保护法的建议稿以及一些论证材料等等。[③] 2021

---

① 《全国湿地保护规划（2022-2030 年）》，1 页，2022 年 10 月。

② 《全国人民代表大会环境与资源保护委员会关于第十二届全国人民代表大会第三次会议主席团交付审议的代表提出的议案审议结果的报告》，2015 年 10 月 30 日。

③ 韩琳：《从围湖造田到立法保护：中国湿地保护走上法治轨道》，载中国新闻网，https://hs.china.com.cn/zgft/53817.html 最后访问日期 2023 年 9 月 21 日。

年，是湿地公约缔约 50 年，我国承办湿地公约第十四届缔约方大会。在这一年 12 月 24 日，全国人大常委会公布了我国《湿地保护法》，该法共 7 章 65 条，加快我国湿地保护立法进程，促进我国全面履行湿地公约，参与和引领国际湿地保护，彰显了我国推进构建人类命运共同体的良好国际形象。[1] 2022 年 6 月 1 日，《湿地保护法》正式实施，填补了我国生态系统立法空白，进一步丰富完善了我国生态文明制度体系，标志着我国湿地保护全面进入法治化。

二、南海湿地风景区"依法治湿"的立法概况

（一）制定《包头市南海子湿地自然保护区条例》

1. 条例制定的目标和法律依据

包头市人大常委会为了更好保护南海子湿地自然保护区，维护湿地生态功能和生物多样性，结合南海湿地的实际情况，根据《中华人民共和国自然保护区条例》《内蒙古自治区湿地保护条例》《森林和野生动物类型自然保护区管理办法》《中华人民共和国野生植物保护条例》《中华人民共和国陆生野生动物保护实施条例》《林业行政处罚程序规定》《中华人民共和国行政许可法》《中华人民共和国行政处罚法》等法律法规，制定本条例。

2. 条例的制定及修正过程

《南海子湿地自然保护区条例》于 2006 年起开始起草，后经多次修改形成初稿，送至区、市有关部门征求意见。市人大常委会于 2007 年将制定该条例列入立法计划后，市人大城建环资委与相关部门对自然保护区进行了多次实地查看，深入了解保护区的现状，发现存在的问题，并分析原因和寻找解决途径。在深入调查研究的基础上，草拟了条例草案。在起草修改条例草案过程中，组织召开了相关部门与专家参加的座谈会，就立法框架、法律关系、规范原则等问题进行了深入研究。同时，向市人民政府相

---

[1] 《关于〈中华人民共和国湿地保护法（草案）〉的说明——2021 年 1 月 20 日在第十三届全国人民代表大会常务委员会第二十五次会议上》。

关部门广泛征求了意见。同年，市人大常委会对南海子湿地自然保护区进行了主任集体视察，作出了《包头市人大常委会关于对南海子湿地自然保护区保护情况的视察建议书》。条例草案于 2007 年 9 月 19 日提请市十二届人大常委会第三十一次会议进行了初审。针对常委会组成人员对条例草案执法主体不明确、甚至界限不清等问题提出的修改建议和意见，市人大法制委员会又在深入调研的基础上，对条例草案进行了统一审议和修改。2007 年 11 月 22 日提请市人大常委会第三十二次会议进行二次审议并通过《包头市南海子湿地自然保护区条例》（以下简称《条例》）。《条例》于 2008 年 4 月 3 日经内蒙古自治区第十一届人民代表大会常务委员会第一次会议批准，由包头市人民代表大会常务委员会公布施行，自 2008 年 6 月 1 日起施行。此条例与《包头市赛汗塔拉城中草原保护条例》一道，共同构建了包头市地方立法针对自然生态重要支点进行保护的法规支撑，可谓一项造福当代、惠及子孙的重大举措。

《条例》实施十年以来存在的不足：

一是湿地土地权属仍有不明晰。由于历史原因，农民对《包头南海子湿地自然保护区条例》不理解，暴力抗法事件时有发生，他们认为土地归农民所有，划定保护区必须要与农民达成一致意见。保护区与村民之间的矛盾，根本在于土地问题，由于长时间以来土地使用问题不能得以解决，给保护区的管理工作带来很多困难，只有土地使用问题解决了，才能让村民们自觉停止在耕种季节拦截水源、放火烧荒、毁坏植被等严重影响鸟类栖息环境的行为。

二是犯罪成本低，违法代价小，部分违法行为屡禁不止。对于捕鱼、打猎案件来说，作案的成本可能只有几元钱，对于偷掏鸟卵类案件来说，几乎是零成本，但利润却高达几十甚至上百倍、上千倍，与获取的暴利相比，付出的违法代价太低，使得违法者有恃无恐，违法行为屡禁不止。

三是处罚程序繁复，工作效率缓慢。原条例涉及的自由裁量权范围最低处罚为 300 元，处罚金额起点高，只能走一般程序，通过一系列程序步骤才可结案，而湿地违法案件往往为一般性案件，当场进行简易程序就可处理完毕，所以处罚起点高，程序繁复，使得执法工作效率缓慢。

四是随着社会经济的发展，出现了新的破坏湿地的表现形式，原来的条例中对湿地保护区的禁止性行为中没有规定，存在空白。

为此，经过十年的实施实践，应当对条例进行适当的修正，完善南海湿地保护立法，以利于湿地的保护。2019年8月，《包头市南海子湿地自然保护区条例修正案（草案）》经包头市第十五届人大常委会第十二次会议初次审议后，包头市人大常委会将该《草案》依法向社会公开征求意见和建议。根据2019年11月28日内蒙古自治区第十三届人民代表大会常务委员会第十六次会议关于批准《包头市人民代表大会常务委员会关于修改〈包头市南海子湿地自然保护区条例〉的决议》修正了条例。

3. 条例的内容及说明

因该《条例》涉及问题比较单一，因此采取了不分章节的单体式结构，修订后的条例由28条变为29条。条例突出保护湿地为主旨，对主管部门和湿地保护区管理机构职责、资金投入、保护措施等方面都作出了明确规定。第一条为总则；第二条确定了保护区的保护对象、面积，界定了保护区的四至范围及核心区、缓冲区、实验区的面积；第三条强调了条例的适用范围；第四条阐明了湿地保护的原则；第五、六、七、八条阐明了政府、林业主管部门、其他相关部门以至所有公民在湿地保护工作中的职责；第九条界定了保护区规划的编制程序；第十条至二十八条具体阐明了保护区内的禁止性行为及处罚细则；第二十九条明确了条例的实施时间。

一是明确了保护区的面积、四至界限、保护对象及分区，使得保护区的管理对象更加明晰。从条例第二条的规定可知，南海子湿地保护区以保护珍稀鸟类及其赖以生存的黄河滩涂湿地生态系统为主。

二是明确了保护区的管理职责。根据上位法的规定，湿地保护的行政主管部门为林业和草原部门。目前南海子湿地保护区管理机构属东河区政府管辖，条例在明确主管部门为林业和草原部门及其职责的同时，也直接明确了南海子湿地保护区管理机构的职责，以避免主管部门与管理机构在保护湿地中出现职责不清的问题。林业和草原行政主管部门组织协调有关部门和南海子湿地保护区管理机构依法履行对湿地保护与管理的职责，组织查处破坏、侵占湿地的违法行为，监督湿地保护有关法律、法规的贯彻执行。南海子湿地保护区管理机构则负责湿地保护区的日常管理工作，主要的职责有九项：贯彻执行湿地保护的法律法规和方针政策；组织实施湿地保护区保护规划；制定、实施湿地保护管理制度；调查湿地自然资源，组织实施环境监测，建立并及时更新湿地资源信息档案；做好湿地保护区内的灾害预防工作；负责界标的设置和管理；在湿地实验区开展有限的参观、游览等活动；建立湿地科普教育基地；依法查处纠正违法行为。

三是强化对湿地自然保护区内核心区、缓冲区、实验区的管理。为了加强对湿地的保护，《条例》规定，湿地保护区分为核心区、缓冲区和实验区，实行分区管理。核心区禁止任何单位和个人擅自进入；缓冲区经批准可以进入从事科学研究观测、调查活动，但禁止开展旅游和生产经营活动；实验区可以适当开发，开展生态旅游等活动，但必须按照有利于湿地保护的原则进行。

四是加强湿地自然保护区内的水体资源保护。水是湿地的灵魂，保护好湿地的水体，对湿地保护至关重要。因此，保护好湿地的生态环境，关键是保护好湿地的水量、水质。《条例》对水体防污、补水、换水、水体使用限度等方面做了明确规定。同时，对已建成的阻挡自然水系的道路设施改造、恢复自然水系提出了要求。《条例》明确规定"禁止向湿地保护区排放污废水、倾倒废弃物及垃圾，必须保证湿地保护区水体不受污染"，"对因水资源缺乏导致功能退化的湿地，南海子湿地保护区管理机构应当采取措施，通过恢复自然水系或者人工调水等措施及时补水，维护湿地生态功能"。

五是解决湿地自然保护区内的土地使用问题。由于历史原因，湿地自然保护区内的部分河滩土地被农民耕种或建了砖厂，对湿地保护造成危害。1985年，包头市人民政府发布了《通告》，禁止农民在湿地自然保护区内耕种、放牧、割草，明确河滩地属于国有土地。2007年，包头市人民政府又作出《关于加强湿地保护的决定》，进一步明确湿地保护的范围，并对在湿地保护区内耕种、建砖厂、挖鱼塘等行为限期进行全部清理。为保证湿地用途不被改变，《条例》规定保护区按照不同功能实行分区管理，具体规定了各个区域禁止从事和可以从事的活动。同时，对湿地核心区内现存的砖厂、渡口引道等项目进行了拆除。《条例》明确规定，"核心区和缓冲区内禁止建设任何生产设施。原有的建（构）筑物和生产经营设施应当依法予以拆除，已开垦的土地应当恢复其原状。"

六是明确了禁止性行为及其应承担的法律责任，使得保护区不但有法可依，同时保障将执行力落到实处。《条例》中对禁止性条款都规定了应当承担的法律责任。将行政处罚权按照职责授予行政主管部门及南海子湿地管理机构。同时，对行政主管部门、管理机构和其他有关行政管理部门及其工作人员在湿地保护管理工作中的违法行为也做了相应的处罚规定，有利于督促行政机关及行政人员依法行政。

4. 新修订条例的变化

2019 年 11 月 28 日根据重新修订的《中华人民共和国自然保护区条例》《中华人民共和国野生动物保护法》等上位法，对《包头南海子湿地自然保护区条例》中与最新政策和法律法规存在脱节和不一致的地方进行了调整，使得《包头南海子湿地自然保护区条例》更为规范、完整。具体表现在以下几个方面：

一是根据上位法增加列举了一些新的破坏湿地及其生态功能的行为。如增加了引进外来物种、倾倒有毒有害物质等禁止性行为，对湿地及保护区内的禁止性行为有了更为广泛的规定。随着社会经济的发展，人们为了追求物质，会借机在湿地周围进行取水、采砂、采药、捕捞等活动，而不仅限于之前的放牧、耕种、开垦等农耕活动，所以在这次修订中，增加了系列新型破坏湿地活动的列举。主要在第十七条、第十八条、第二十二条和第二十三条。

二是提高了行政处罚的力度。表现在两个方面：其一，根据上位法对处罚金额的调整，进行了相应调整，提高了罚款数额的上限。如第二十一条，将原来的"处以 500 元以上 2000 元以下的罚款"修改为"100 元以上5000 元以下"。将原来第二十五条的法律责任中"并处以 5000 元以上 2 万元以下的罚款"修改为"造成湿地难以恢复等严重后果的，处 5 万元以上50 万元以下罚款"。其二，加重了一些违法行为的法律后果。将原第二十三条第（三）项中污染湿地的违法行为单列为第二款，同时提高了该种行为的罚款数额，加重处罚，由原来的"5000 元以上 1 万元以下"增加到"2 万元以上 20 万元以下"。新增一条作为第二十三条，对新增的挖沙、采砂、采石、挖塘等破坏湿地的违法行为，相关主管部门可以责令停止违法行为，限期恢复原状或采取其他补救措施，可以处以 5000 元以上 5 万元以下的罚款，造成难以恢复等严重后果的，处 5 万元以上 50 万元以下罚款。

三是完善了处罚方式和计算方式。根据违法行为的性质、后果不同，采用了不同的处罚方式，更加符合实际情况，有利于处理违法行为。如新增的第二十三条就是根据是否造成严重后果处以不同程度的罚款。对于挖沙、采砂、采石、砍伐等违法行为，采取责令停止违法行为，限期恢复原状或采取其他补救措施的，可以处以一定的罚款。只要造成难以恢复等严重后果的，就提高罚款数额。完善处罚数额的计算方式。修订后的《条例》第二十六条，对破坏、侵占、买卖或其他形式非法转让湿地保护区内土地的，根据被非法占用或改变用途湿地的平方米面积来计算罚款数额，计算方式更合理。

四是修改相应的机构名称。由于 2018 年国家机构的改革，涉及一些国家机关的合并或撤销，与十年前《条例》制定时的机构名称已经大不相同，有必要进行修订。例如，组建生态环境部，不再保留环境保护部；组建自然资源部，不再保留国土资源部；国家林业局改为国家林业和草原局。此次修订条例的时候，就对条例涉及已变化的国家机关进行了相应的修改，主要体现在第六条的第一款和第三款。

（二）完善相关配套执法制度

为了更好地执行、落实《南海子湿地自然保护区条例》，当时的南海湿地管理处经研究决定，制定了相关的配套制度。开展湿地行政权力梳理工作，市、区两级政府审核批准管理处具有行政监督、行政处罚、行政许可（初审）3 大类 46 项权力。市、区法制办审核批准了《包头市南海子湿地自然保护区条例行政处罚自由裁量权标准及制度》。

配套制度主要包括以下 15 项制度，即《包头市南海湿地管理处行政执法人员文明执法若干规定》《包头市南海湿地管理处执法巡查制度》《包

头市南海湿地管理处法律文书使用规范制度》《包头市南海湿地管理处罚
没款管理制度》《包头市南海湿地管理处罚没物品管理制度》《包头市南海
湿地管理处执法服装管理规定》《包头市南海湿地管理处行政执法过错责
任追究制度》《包头市南海湿地管理处重大行政处罚备案制度》《包头市南
海湿地管理处行政处罚执法回访制度》《包头市南海湿地管理处行政执法
自由裁量权公开制度》《包头市南海湿地管理处行政执法说明理由制度》
《包头市南海湿地管理处行政执法合法性审核制度》《包头市南海湿地管理
处重大行政处罚案件集体讨论决定制度》《包头市南海湿地管理处行政处
罚典型案件类比制度》《包头市南海湿地管理处行政处罚自由裁量标准》。
这些配套制度进一步细化了《南海子湿地自然保护区条例》的规定，一方
面严格了执法的程序，另一方面使条例的执行更具操作性。

　　《包头市南海湿地管理处行政处罚自由裁量标准》结合南海湿地的实
际情况，根据原《包头市南海子湿地自然保护区条例》第二十一条、二十
二条和二十三条的具体规定，细化、确定了行政处罚项目，按照三至五种
情形划分裁量标准。例如，对于《包头市南海子湿地自然保护区条例》中
规定的违反规定在保护区内放牧、狩猎、烧荒等破坏湿地保护区生态环境
的，将违法行为的级别分为轻微、一般和严重三种，对于破坏面积小，破
坏程度轻微的轻微情形，由南海湿地管理处没收违法所得，责令停止违法
行为，限期恢复原状或采取其他补救措施，并处罚款 300～1000 元。对于
破坏面积中等、破坏程度中等的一般情形，由南海湿地管理处没收非法所
得，责令停止违法行为，限期恢复原状或采取其他补救措施，并处罚款
1000～5000 元。对于破坏面积较大、破坏程度较重，处于保护区核心或缓
冲区的严重情形，由南海湿地管理处没收非法所得，责令停止违法行为，
限期恢复原状或采取其他补救措施，并处 5000～10000 元罚款。

　　为了规范原南海湿地管理处行政执法行为，建立行政执法合法性审核
制度、重大行政处罚案件集体讨论制度等。为防止行政执法自由裁量权的
滥用，保证行政执法的公开、公平、公正，南海湿地管理处还制定了内部
执法监督制度——行政执法合法性审核制度，由单位分管负责人对行政处
罚案件立案、审查并提出处理意见及决定进行审查核定。对行政执法主体

执法不当也制定了相应的责任追究制度。《包头市南海湿地管理处行政执法过错责任追究制度》明确规定了十种行政执法人员在行政执法过程中的过错情形，并对存在行政执法过错的行政执法人员追究相应的责任。在行政执法过程中有下列行为的视为行政执法过错：

（1）拒绝履行、不予履行或拖延履行依法应当履行的法定职责和义务的；

（2）未按法定程序实施行政监督检查、行政处罚等具体行政行为，或适用程序不当的；

（3）未按照规定执行行政执法自由裁量权实施标准，擅自改变行政处罚的种类、幅度和标准，或故意错误适用条款，或没有法定依据而随意实施行政处罚、行政监督等滥用职权；

（4）超越管辖、审批和处罚等权限实施具体行政行为的；

（5）违法要求当事人履行义务或不履行义务的；

（6）涂改、隐匿、伪造、毁灭有关记录或证据的；

（7）行政处罚等具体行政行为显失公正的；

（8）泄露国家秘密、商业秘密及个人隐私和向案件当事人及其他有关人员通风报信、泄露案情的；

（9）玩忽职守、徇私舞弊、以权谋私、贪污受贿（索贿）等尚未构成犯罪的；

（10）其他行政执法过错行为。

对这十种视为行政执法过错的行为，根据具体的情形可以对相关行政执法人员采取不承担责任、可以从轻、减轻或予以免予追究责任、从重追究责任的措施。此外，还对如何确定责任人作出了明确细致的规定。这些制度的实施，使得南海湿地执法人员在具体的行政执法过程中更注重自身行为的合法性，更有利于保护公民、法人和其他组织的合法权益。

为了提高行政处罚案件的办案质量，能准确、公正、及时地处理各类行政处罚案件，当时的南海湿地管理处对重大行政处罚案件实施集体讨论决定的制度。由管理处行使对规范自由裁量权的重大、复杂、疑难的行政处罚案件适用集体讨论决定权。管理处集体讨论案件采用提前预约的形式，一般提前两天预约，特殊情况需要及时研究决定的案件随时预约。该制度还规定了回避制度，参加集体讨论案件人员与案件有直接利害关系的应当回避。参加集体讨论案件人员在听取汇报后，可以就案件的定性以及拟作出的处罚处理意见情况各自发表意见，阐述的内容要明确、具体。按照民主集中制原则，形成集体讨论决定意见，并由管理处负责对集体讨论决定意见的执行情况进行监督。

第二节　包头市南海湿地风景区 "依法治湿" 的成效

依法治湿，提升和强化了湿地治理能力，促进湿地治理体系的正常运转。10 多年来，湿地保护能力大幅提升，取得了丰硕成果。

一、规划取得新进展

坚持"规划引领、龙头带动、项目支撑"，高起点、高标准做好湿地规划是湿地保护的前提。先后编制了《内蒙古南海子湿地保护区总体规划》《包头南海湿地风景区景观概念设计》《包头市南海湿地及周边地区总体规划与适度开发区详细规划》，形成了湿地保护的总体规划、近期规划、专项规划、详细规划互为配套的规划体系，确定了一个时期湿地保护与特色文旅产业发展的时间表和布局图。南海湿地规划凸显了湿地保护与利用的双赢模式。

湿地保护是生态文明建设的重要内容，事关包头市生态安全和经济社会可持续发展。要认真学习贯彻习近平总书记在全国生态环境保护大会上的重要讲话精神，始终把南海湿地生态保护摆在首要位置，进一步加大南海湿地保护和修复力度，坚决制止随意侵占破坏南海湿地的行为，在保护好南海湿地的基础上，做到科学合理地开发，以实现南海湿地保护与利用的良性循环、协调发展，将南海湿地这张名片擦得更亮。①

二、执法取得新突破

在 2020 年 9 月上划执法权以前，南海湿地管理处依法执法，在湿地保护方面取得了新突破。

一是开展集中打击与专项整治行动，打击破坏和侵占湿地的涉湿违法犯罪行为。10 多年来，依据《条例》共处理各类涉湿违法行为 700 余起，其中立案 108 起，罚没金额约 7 万元，拆除违章建筑 8 处。

二是开展执法检查、案件督查、案卷评查等工作，主动接受市、区两级法制办案卷评查，及时纠正和处理办案过程中不当的行政执法行为，所办案件无一起错案，成功应诉了 1 起行政诉讼案件，提高了执法效能。

三是加强了湿地巡护，提高监控科技含量，建设了一套高清监控系统，实时监控火险隐患、违法行为、鸟类迁徙、区域变化等，巡护、监控达到空间、时间全覆盖，减少湿地违法案件的发生。保护区巡护人员会每日依据巡护情况填写巡护日志，对破坏湿地的违法行为及时制止，并及时上报市林草综合行政执法支队。为保护湿地免受污染和破坏，常态化开展黄河河道"四乱"问题排查整治工作。全面排查打击黄河流域固体废物倾倒、违规放牧、耕地、捕鱼、捕鸟等违法行为。严厉查处种植高秆作物和使用地膜化肥，焚烧秸秆等行为。组织巡护人员定期对辖区范围内垃圾进行清理。2023 年清理湿地保护区核心区乱捕乱钓人员 300 余人次。

四是按照"谁执法、谁普法"责任制要求，在周边村镇、社区开展普法宣传活动 36 次，共发放《包头市南海子湿地自然保护区条例》、普法宣传图册等万余份。东河区人民法院在南海湿地对陈某某毒杀野鸭案、杨某某在湿地烧荒失火案进行 2 次公开审判，有效打击、震慑了湿地违法犯罪。

---

① 《包头市林业局调研南海子湿地自然保护区》，内蒙古林业和草原局网站：http://lcj. nmg. gov. cn/xxgk/xwzx/lydt_598/msdt/201807/t20180724_132234. html，2019 年 10 月访问。

管理处根据此案例制作了《破坏湿地资源应承担相应的法律责任》"六五"普法宣传材料，采取"以案释法"的方式，进行针对性教育。

五是加强执法保障，组建了湿地保护执法大队、南海子湿地自然保护区森林公安派出所、搭建了湿地保护区管理用房，为执法部门配备了交通、通讯、仪器、服装等执法设备。随着执法权的上交，执法大队更名为巡护大队，主要职责变更为湿地保护区内巡护管理及普法。

三、科研成果显著

南海湿地与刘兴土院士及其团队合作，成立了湿地生态修复院士工作站，与东北师范大学、南京大学、中科院、中国环科院等院校合作，掌握国际湿地保护新理念，应用新技术，开展了系列课题研究。2 个课题获国家林业局推广，1 个项目获科技进步奖，在国家核心期刊、论坛发表论文20 篇。收集了管理处干部职工撰写的《内蒙古南海子湿地鸟类区系分析及红色名录评估》等论文 102 篇，汇编了 5 本论文集。聘请国际、国内著名鸟类、湿地保护专家作为生态顾问，指导开展湿地研究工作。

四、监测能力有所提高

开展 4 个"一"监测，即一日一记，每日记录巡护日记，记录湿地气候变化、湿地的社会活动等情况；一周一观，每周记录鸟类群落数量及植物物种变化；一月一测，每月测水质、水位变化；一季一报，每季上报包括自然、经济、社会、动物、植物监测等内容的《内蒙古南海子湿地资源监测调查表》。配备了土壤、水文、气象等监测设备，建设完善了监测网络，对湿地生态环境及鸟类种群进行有效监测。建立植物、昆虫标本室，完善了昆虫、植物名录和鸟类、植物、土壤、气象等资源档案库。南海子湿地自然保护区管护中心申报了 2023 年《国家生态质量监测网生态综合监测站——内蒙古南海子湿地生态监测网络建设项目》，内蒙古南海子湿地已经被列入内蒙古生态质量监测网生态综合监测站之一，并与内蒙古师范大学资源环境学院合作开展植物、土壤、生境等调查，目前已完成前三季度监测工作，数据已上报内蒙古环境监测总站。按照自治区监测总站的要求，设定监测样点，定期对湿地生境、植被、动物、水文、气象、土壤等资源要素指标进行监测调查，尤其鸟类、水质资源作为重点监测对象，结合常规监测，加大监测频次，全面掌握湿地自然资源情况。全年开展水质水位监测 5 次、鸟类监测 20 次，完成 2023 年内蒙古重点湿地资源调查工作。

五、科普宣教取得重大进展

增强湿地科普宣传，提高人们对湿地生态服务功能重要性的认识，开展 OTO 模式的宣传，利用网站、微信公众平台等进行线上宣传。打造全国科普教育基地，形成"点、线、面"相结合的湿地科普格局。出版了 7 本科普读物，成为湿地保护宣传的有效工具。南海湿地开办了国家级自然学校，为群众提供了自然体验服务，先后开展"世界湿地日""野生动植物保护日"等活动，举办"美丽中国，生态南海"全国摄影、摄像大赛优秀作品评选活动，获得了"包头市科普教育基地""国家级科普教育基地"的称号。

六、湿地生态修复取得重大成果

湿地治理效果显著。近几年，在区委、区政府和上级林业主管部门的领导下，管理处秉承"全面保护、科学修复、合理利用、持续发展"的原则，创新"以法治湿、以科兴湿、以宣促湿、以产强湿"的保护措施，加强湿地规划、执法、修复、宣教、科研、监测、救护、协调共建、队伍管理 9 大能力建设，开展湿地保护和合理利用，取得了一系列的生态成果：水清了，鸟和植物多了，湿地面积扩大了，湿地生态服务功能提升了。湿地鸟类由过去的 77 种增加到 232 种；湿地面积由过去的 1585 公顷增加至 2992 公顷，湖泊面积由过去的 333 公顷增加至 713 公顷，成为包头市的万亩湖泊，被专家誉为包头市的"五库"——碳库、水库、氧库、食品库、基因库。

2020 年，南海湿地成为"内蒙古自治区第一批重要湿地"，其正在成为黄河流域湿地保护的典型和示范。

管理处完成界碑、界桩的安装。截至 2019 年 9 月底，南海湿地保护区已完成全部界碑、界桩、标牌的安装工作。现安装界碑 1 个，位于南海湿地景区进门入口处。安装标牌 11 个，分散于保护区各重要位置，向广大游客及周边居民宣传湿地保护条例。安装界桩 40 个，分布于保护区边界。这将有效保护湿地资源及生态环境，防范违法行为的发生。

截至 2023 年 10 月，南海湿地管护中心在湿地生态修复方面取得较大成果。如："包头市南海湖水体治理与生态修复工程"进入工程收尾工作，并对工程进行验收、整理竣工资料报审。"内蒙古包头黄河南海子湿地保护恢复工程建设项目"，一期工程计划于 2023 年 12 月底完成建设。2024 年将对一期工程进行验收并报审，推进开展二期工程。"内蒙古南海子湿地自然保护区 2023 年湿地保护补助资金项目"计划 2023 年完成建设，2024 年将对工程进行验收并整理竣工资料报审。

七、文旅产业发展不断进步

南海湿地风景区先后进行了 2 次大规模的基础设施改造，风景区面貌焕然一新。连续 11 年举办了"南海湿地黄河鲤鱼节""南海湿地风情节""南海湿地冰雪节"三大系列活动和多种形式的体育赛事活动，如周六健步行、横渡南海湖、龙舟赛、垂钓比赛、48 小时马拉松等群众参与性强的活动，吸引了大批游客。管理处实施了"品牌＋标准＋基地＋监管"水产品品牌战略，发布了《南海湖无公害水产品生态渔业管理综合标准》，注册了 13 件商标，其中"南海黄河金翅""南海湖"2 件商标为著名商标，"南海湖"等 4 件商标为知名商标，"南海黄河鲤鱼"为国家地理标志证明商标。

经过 10 多年的依法守护，南海湿地终现万亩湖泊，呈现出碧波荡漾、水草丰美、鸥鸟翱翔的迷人景象。

第三节 包头市南海湿地风景区"依法治湿"的经验总结及思考

一、包头市南海湿地风景区"依法治湿"的经验总结

（一）创新湿地治理机制

完善了党委领导、政府主导、社会参与、媒体介入和内部协作的湿地治理机制。《包头市南海子湿地自然保护区条例》颁布施行后，东河区委、区政府更加重视南海湿地保护工作，湿地管理部门落实保护责任、社会公众参与、媒体介入，形成共同参与保护湿地的机制。

一是区委高度重视湿地保护工作，强化对湿地保护的领导，将湿地保护列入全区发展重中之重，创新湿地治理体系，提升湿地治理能力。10年来，区委将5名忠诚、干练、担当且有较强专业知识的领导干部提拔、选调到南海湿地保护区，增强了保护区的领导力量；增加了执法大队、湿地资源管理科、湿地公园保护站等机构，明确了执法人员编制；定期部署、督办、调研湿地保护工作。

二是区政府将湿地保护与利用列入了东河区国民经济与社会发展计划之中。在财政十分困难的情况下，将保护经费列入年度财政预算，保障执法经费；督办管理处编制总体规划；组织执法、公安、湿地管理等部门开展综合执法，形成联动机制，严厉打击侵占、破坏湿地的违法行为。

三是积极发挥社会各主体在保护湿地中的作用。通过开展社区共管，使自然保护区内及周边地区的居民、企业、组织等各利益相关者清楚自己的行为是如何影响环境的，从而共同采取措施保护生态环境。群众在湿地保护法律法规和制度的影响下，参与到湿地保护活动中。非政府组织、环保联合会、义工组织等社会团体积极参与湿地保护公益活动。文化旅游企

业参与湿地的适度开发，共享湿地保护成果。

四是新闻媒体加强对湿地保护监督和宣传，经常性地向社会传播南海湿地生态环境变化和采取的措施，每年播报南海湿地新闻40余篇，引发了全社会关注和参与。

五是完善了管理处保护与利用完整的组织框架。内设10个部门，其中5个湿地保护管理部门、4个服务部门、1个经营部门，各部门职责明细、团结协作、密切配合，形成保护湿地的合力。

（二）完善湿地治理的法律和制度体系

法律是强湿之根本，面对湿地生态环境保护与恢复的紧迫性，管理处在完善法律和制度体系方面做了大量工作。

一是推动湿地立法。管理处积极推动立法，向区人大提出立法建议，草拟了《包头市南海子湿地自然保护区条例》初稿，报请市区两级人大，经市人大立法程序，即提出、审议、表决，于2007年11月22日，包头市第十二届人民代表大会常务委员会第三十二次会议审议通过了该条例；2008年4月3日，内蒙古自治区第十一届人民代表大会常务委员会第一次会议批准通过了该条例；2008年6月1日，《包头市南海子湿地自然保护区条例》正式颁布施行，南海湿地保护工作从此有法可依。2019年11月修正了该条例。

二是完善立法配套制度。制定了《行政执法人员文明执法若干规定》《包头市南海湿地管理处执法巡查制度》《包头市南海湿地管理处罚没款管理制度》等15项执法具体制度。开展湿地行政权力梳理工作，市、区两级政府审核批准管理处具有行政监督、行政处罚、行政许可（初审）3大类46项权力，明确了主体资格和权力清单。

在全面推进依法治国的今天，必须依靠法律保护湿地。湿地作为地球的肾，具有重要的生态功能。目前，虽然我国制定实施了第一部专门的湿地保护法，但是总的说来，湿地保护的法律制度并不健全，还需进一步完善和细化。从立法上看，包头市南海湿地相较于其他湿地，在立法治湿方面的做法是超前的，这种法治理念值得其他地方学习。

（三）强化行政执法工作

一是建立健全执法机构。经东河区编委批准，2020年9月以前南海湿地先后成立了湿地科、湿地执法大队和国家黄河湿地公园东河管理站，完善了内部管理运行机制，与东河区森林公安局南海派出所形成相互配合、相互支持的四方协作的网格化管理体制。使巡逻、监控和执法做到时间、空间全覆盖。原湿地执法大队负责依据《包头市南海子湿地自然保护区条例》及有关湿地法律、法规和政策保护湿地保护区内自然景观、水体、林草、野生动物、生态环境、公共设施，维护管理秩序，查处纠正违法行为；负责湿地内防火、防灾害、防污染的预案防范工作；负责制定巡管护执法工作的应急预案；负责湿地界标的设置和管理。2020年9月，按照《东河区深化五个领域综合行政执法改革实施方案》及区编办要求，南海湿地管理处23名执法人员划转到包头市环保局，执法职能全部上交，不再承担执法职责。执法大队更名为巡护大队，主要职责变为湿地保护区内巡护管理及普法。保护区巡护人员会每日依据巡护情况填写巡护日志，对破坏湿地的违法行为及时制止，并及时上报包头市林草综合行政执法支队。为保护湿地免受污染和破坏，常态化开展黄河河道"四乱"问题排查整治工作；全面排查打击黄河流域固体废物倾倒、违规放牧、耕地、捕鱼、捕鸟等违法行为；严厉查处种植高秆作物和使用地膜化肥，焚烧秸秆等行为；组织巡护人员定期对辖区范围内垃圾进行清理。

二是加强执法保障。为了更加有效地执法，给执法部门配备了交通、通讯、执法仪等配套设备和执法服装，新建了执法监控网络。

三是严格实行行政执法人员持证上岗和资格管理制度。对执法人员进行岗前培训和上岗考试，培训考试合格之后，为执法人员办理执法证。当时有37人取得了执法证。此外，对执法人员每年进行2次业务考试，合格者留岗。

四是形成政府领导，司法机关支持，行政执法部门参与的共同保护湿地联动机制。根据东河区人民政府下发的《关于清理整顿黄河湿地东河段保护区周边环境的通告》要求，东河区城市管理执法分局、公安局、司法局、信访局、河东镇、沙尔沁镇等部门联合对南海湿地保护区内的 8 处违章建筑进行了拆除。公检法等部门严厉打击涉湿犯罪，依法追究 2 起案件 5 名被告人的刑事责任。

五是加强执法监督。开展执法检查、案件督查、案卷评查等工作，主动接受市、区两级法制办案卷评查，及时纠正和处理办案过程中不当的行政执法行为，所办案件无一起错案，成功应诉了 1 起行政诉讼案件，提高了执法效能。例如，2019 年 8 月，南海湿地接受了内蒙古自治区"绿盾2019"即自然保护区执法检查，通过不断地开展执法检查，有利于提高南海湿地执法队伍的执法水平，有利于加强湿地保护与管理力度，全面推进湿地生态保护与恢复，推动自然保护区生态环境持续改善，为筑牢祖国北方重要的生态安全屏障作出贡献。

（四）加强湿地普法宣传

根据"谁执法，谁普法"责任制的要求，抓好管理处自身普法工作的同时，向主管对象、执法对象、服务对象等宣传湿地法律法规，营造学法、用法和守法的良好社会氛围。

一是制作了流动的宣传展板，每年定期开展湿地普法活动。走进社区、湿地周边村镇，发放《包头市南海子湿地自然保护区条例》等法律规范的宣传单、宣传手册、折页等，接受群众法律咨询。例如，2017 年 4 月，在南海湿地保护执法大队的组织下，联合包头黄河国家湿地公园管理站、南海湿地派出所开展了以"保护湿地·普法先行"为主题的联合普法宣传活动。在普法宣传的过程中，工作人员向南海湿地保护区、黄河国家湿地公园南海湖片区和南海湿地风景区内的各经营主体及过往群众和游客发放有关湿地保护法律法规及湿地野生鸟类图册等普法宣传资料，向宣传对象讲解什么是湿地、危害湿地的行为有哪些、发现破坏湿地的行为应当采取的措施等与湿地保护相关的法律知识，重点向南海湿地保护区内各垂钓池、浮桥路、鱼餐馆的经营者进行了"以案释法"宣传，倡导他们自觉参与到湿地保护工作中来，共促南海湿地保护区的和谐发展。提升群众对湿地保护相关法律的知晓度，使群众意识到保护环境、保护湿地是每个公民的责任与义务，有效增强了群众的法律意识与环保意识。①

二是开展专项警示教育。2010年，东河区人民法院在南海湿地对陈某某毒杀野鸭案进行公开审判；2015年，法院在南海湿地风景区公开审理了杨某某在湿地烧荒失火案。这些案件有效打击湿地违法犯罪行为，现身说法，发挥了法律的震慑作用。将王某某不服南海湿地管理处行政处罚决定提起行政诉讼的案件放在"六五"普法材料中，采用以案释法的方式真实反映案件的审理情况，引起了普法对象较大的反应。

三是充分发挥宣传部门的作用。科普宣教部负责湿地保护区以及湿地公园的科普宣教工作。通过自然保护区网站、微信公众平台、传统媒体、自然学习及鸟类图片馆等途径积极宣传保护湿地工作。

（五）依法治湿，打造一支湿地保护铁军

加强党对湿地保护工作的领导，按照"强党建、促法治"的工作思路，坚决扛起生态文明建设和湿地环境保护政治责任，有效推动党建与法治的深度融合，打造了一支政治强、本领高、作风硬、敢担当的湿地保护铁军。

加强思想建设，凝心聚力。强化政治思想教育，引导党员干部树立远大理想和共同理想。加强生态思想教育，培育和践行"爱国、诚信、友善、敬业"的社会主义核心价值观，将"爱国就要爱湿地，爱湿地就要爱岗位"的理念贯穿于每位干部职工的思想教育工作中，成为支撑南海湿地保护和可持续发展的内生动力。树立先进典型，着力倡导争先创优的风气。管理处先后树立了一批先进典型，其中1名同志被评为全国保护区先进个人，1名同志被评为市优秀共产党员，管理处连续多年被评为优秀领导班子，3名干部被评为市、区优秀领导干部，1个科室被评为东河区三八红旗集体。例如，作为南海湿地保护系统建设的奠基人虞炜同志，从政法系统派来南海维稳，一干就是十四年，在南海湿地逐渐理顺了管理体

---

① 《内蒙古包头市南海湿地自然保护区开展2017年第一次春季普法宣传活动》，2017年4月19日，包头市南海子湿地自然保护区网站。

系，走出困境，建立了一套以湿地保护为核心，实现旅游文化产业、生态养殖产业、环保水务产业、科普宣教产业融合发展的基本思路。李振银同志多年来不折不扣执行管理处的各项决议，努力开创新的工作局面。十年来他争取的湿地保护资金达数千万元，他为南海事业的发展事无巨细，不辞劳苦，以高度的责任心对待每一项工作，为南海湿地保护这艘"大船"的平稳运行作出突出贡献。苗春林同志用近十年的时间，搭建了湿地保护的框架，开创了新的工作局面，巡查执法就如何依法行政探索出一套工作制度，主持六个科研项目，创建了"四个一"的监测工作方法；筹建鸟馆、组建了宣教队伍、编制出版五本湿地保护书籍，使南海湿地获得了"全国科普教育基地"称号；近三年时间争取项目资金20余项、资金达千万元，为南海湿地保护作出了突出贡献。王煦东同志敢于不断尝试，做湿地保护利用的探索者。他用实际行动践行共产党员的敢于担当、敢于碰硬、敢于创新的精神，使得南海湿地景区各项工作得到顺利发展。魏万庆同志作为执法大队队长，凭着对事业的执著和热爱，以干练踏实的工作作风、勇于奉献的工作精神，敢于创新的工作思路，执着追求管理成效，带领湿地保护队伍，成为执著的湿地保护卫士。使湿地执法逐步走向法制化、专业化、正规化、职业化，用实际行动保护了湿地，业界内作为经验典型在各保护区进行推广。他们在平凡的岗位做出了突出的业绩，表现出了高尚和无私的奉献精神，在干部职工中产生了巨大的感染力和号召力。

　　加强组织建设，建立完善的保护机构、选拔优秀的保护人才，将党的生态政策和决策部署落到实处。管理处坚持正确的用人标准和导向，提拔、聘用了一批优秀青年技术干部；建立了干部述职考核机制、履职创新考核机制；制定了《人才聘用管理办法》等人才选拔机制，为工作人员疏通职业晋升通道。

　　加强制度建设，依法管理。加强制度建设，形成干事创业的统一机制。制定并严格执行《管理处绩效考核制度》。每周总结安排，逐事问效；每月考核评估，逐部门问责；年底统一考核，逐项目标落实。对未按质按时完成工作任务的68人次扣分问责，对履职创新、工作成绩取得显著成效的196人次奖分鼓励。加强了全员教育培训。按照"学习制度化、内容个性化、形式多元化"的原则，实施了"4521"培训工程。建立在职培训教育基金，先后有20多名干部职工参加在职培训，取得学士、硕士等学位，24人晋级专业技术、技能职称，职工队伍综合素质有了明显提高。完善了决策程序规则。制定、完善了《合同管理制度》等相关规章制度，在"三重一大"的决策事项中，依照规定都要进行调查研究、专家论证、合法性审查、风险评估和民主决策，使管理处各项决策、决定公开透明。

（六）依靠法律保障，为湿地开发利用保驾护航

南海湿地风景区在开发利用湿地资源环境中，以高度的法治意识，依靠相关的法律法规，强化产权意识，为开发利用南海湿地风景区保驾护航。南海湿地根据自身具有的特色资源，申请注册了商标，并且规定了相应的使用要求，为维护南海湿地的合法权益打好了基础。一方面，南海湿地申请注册了13件商标，享有商标专有权，未经许可不得使用注册商标。许可使用南海系列商标的使用者应当维护南海系列商标的产品质量和市场声誉，有利于打造南海品牌，提升南海产品品质。另一方面，为打击侵犯南海产品知识产权的违法行为提供法律依据。加强知识产权保护是保障市场经济健康发展的重要手段。应当进一步加大执法力度，严厉打击侵犯知识产权等违法行为，依法保护经营者的合法权益。根据南海黄河金翅商标使用要求的规定，合法使用商标者应有专人负责该集体商标标识的管理、使用工作，确保"南海黄河金翅"商标标识不失控、不挪用、不流失，不得向他人转让、出售、馈赠。对不符合产品质量要求的产品，一律不能使用"南海黄河金翅"商标，否则南海湿地将依法追究相关经营者的法律责任。

（七）按照湿地保护规划做好湿地可持续利用示范

根据《全国湿地保护"十三五"实施规划》，南海湿地风景区根据全面保护湿地的要求，按照"保护优先、科学修复、合理利用、持续发展"的湿地保护与合理利用的原则，为了实现湿地保护与可持续利用的相互促进，实现湿地惠民，退还湿地区开展湿地的生态种（养）示范、绿色农业

种植、生态养殖、生态旅游等可持续利用示范工程，建立高效立体农业生态综合利用示范区。从包头南海湿地2016—2025年的规划中可以看到，南海湿地将响应国家湿地保护的规划，将现代农业与乡村区域结合起来协调发展。

一是建立国家农业公园，统领整个片区的三农转型。将农业生产与休闲、度假、游憩、学习等多种功能相融合，形成规模化乡村旅游综合体，以解决农业生产侵占湿地、农村产业低效单一和农民过分依赖土地的问题。为农业产业升级、农村环境提升、农民身份转型等三农问题提供综合解决方案。

二是做好农业升级。包括两方面工作，即构建国家农业公园和堤南区域退耕还湿。将国家农业公园打造为四大功能区——民俗旅游区、休闲农业区、科普教育区和农业生产区。黄河二道堤以南和南海湿地公园湿地农业体验区内拟进行湿地恢复，普通耕地退耕总面积约为790公顷，基本农田退耕总面积约400公顷，总面积1190公顷。

做好湿地文化遗产保护传承示范。对已经形成的具有独特的湿地文化遗产，可以开展湿地文化遗产保护传承示范项目，包括湿地合理利用的技术培训、项目推广应用、生态旅游资源的开发利用等。包头南海湿地风景区在开发利用的过程中，也应注重对南海湿地文化进行挖掘和利用。

二、我国湿地保护与开发利用中存在的问题

在南海湿地风景区调查过程中，我们实地了解了南海湿地在湿地保护方面作出的努力和取得的成效，但也发现在湿地保护的具体落实方面还存在一些问题，这些问题其实也是我们国湿地保护工作中存在的普遍问题。

（一）湿地保护的法律制度不完善，法律体系不健全

从立法角度看，我国法律层面的湿地保护的专门立法长期缺位，直到2021年12月才出台了《湿地保护法》。在此之前，国务院相关的湿地保护专门行政法规也没有出台，仅有少数的专门性部门规章（《湿地保护管理

159

规定》和《国家湿地公园管理办法》）分散在其他部门法中的相关规定和相关地方立法。在效力等级、涵盖范围和制度措施等方面存在较大缺陷，对于湿地保护和开发中的相关基本问题缺乏统一认识，容易导致规定的冲突。例如，关于"湿地"的概念，长期以来我国的立法和实践中并没有"湿地"这一概念的存在，而主要是以"养殖水面、海滨、草原、滩涂、水流"等概念隐含在环境资源法中，直到1992年我国加入《湿地公约》后，才将"湿地"作为湿地类型土地资源的综合概念出现在我国的湿地资源的相关法规和规章中。没有上位法确定的统一概念，其他层次的法律规范难以形成统一的规定和认识，不利于执行。

从实践情况看，在《湿地保护法》出台以前，我国的湿地保护立法现状由地方行政法规和规章集合而成，地方立法在湿地保护方面发挥了重要的作用。但也存在可操作性不足、缺乏系统性和整体性等问题，容易忽视湿地的整体利益协调，不利于湿地保护的效率。从我国的司法实践中统计，司法机关在审理湿地保护的相关纠纷时，主要适用《合同法》《刑法》《行政强制法》《自然保护区条例（2017修订）》《行政诉讼法》《民事诉讼法》的相关规定和司法解释。截止目前，还没有具体适用《湿地保护法》的司法裁判。

在国家立法长期"缺位"的情况下，地方立法是推进我国湿地保护的重要力量，是我国湿地保护立法的主力军。目前各地的湿地保护立法在管理体制、湿地保护规划、湿地公园建设与管理等重点问题上的规定具有较大的重合性和一致性，在综合协调机制、资金保障与生态补偿、湿地生态用水等重点问题上的规定具有差异性，表现出一定的地方特色和制度创新，但也存在可操作性不足、法律效力较低等缺陷，需要及时予以弥补和完善。① 目前的湿地保护立法现状由各地行政法规和规章集合而成，缺乏系统性、整体性，不利于有效地保护湿地。

---

① 陈海嵩、梁金龙：《湿地保护地方立法若干重点问题探析》，载《地方立法研究》，2017（4）。

（二）湿地修复与开发工程合同纠纷较多，湿地保护的公益诉讼制度发展缓慢

通过威科先行法律信息库查询发现，在湿地保护与开发过程中产生的法律纠纷主要是湿地修复工程和湿地开发工程的合同纠纷，占比约80%。涉及湿地建设施工合同纠纷（如拖欠湿地修复工程款、湿地开发建设工程款、不按照合同施工等违约行为）、湿地建设所需的买卖合同纠纷、合同租赁纠纷（湿地管理机构与租户之间的租赁纠纷）、土地承包合同纠纷（湿地旅游开发公司与附近农民的土地承包合同纠纷）等。这类纠纷占比较大，反映出我国在进行湿地保护与开发的过程中存在许多法律风险，相关主体没有提前根据法律规范进行合理的防范。这将阻碍和影响我国湿地保护与开发的进度和效果。当然从一个侧面也反映出我国越来越重视湿地保护和修复工作，投入了大量财政开展湿地保护、湿地修复工程和开发利用湿地工程。

涉及湿地的法律纠纷中，湿地旅游开发公司与游客之间的侵权纠纷约占15%。主要是由于游客在湿地风景区游玩时健康权、生命权受到伤害。这也进一步说明在湿地开发利用过程中，湿地景区作为开发主体要为游客提供舒适安全的游玩环境，应加强景区安全检查，采取相应防范措施，减少安全隐患，避免侵害游客生命健康权的行为发生。

此外，湿地保护的公益诉讼制度发展较为缓慢。从2017年1月至2023年10月，在AlphaI法律智能操作系统中输入"湿地保护公益诉讼"关键词，搜索到92件涉及湿地保护的公益诉讼案例，最高人民法院、最高人民检察院分别于2023年5月和2022年11月发布了两批湿地保护公益诉讼的典型案例。从地域范围分布来看，湿地保护公益诉讼案件数量前五位的分别是湖南省（11件）、江苏省（8件）、黑龙江省（8件）、吉林省（5件）和湖北省（5件）。高频适用的法律规范有《审理环境民事公益诉讼案件适用法律若干问题的解释》《刑法》《环境保护法》《民法典》《检察公益诉讼案件适用法律若干问题的解释（2020修正）》等。湿地保护涉及社会公共利益，亟需检察机关依法行使监督权，督促地方政府依法履行湿

地保护职责，追究破坏湿地生态者的刑事责任。同时也需要环保公益组织对于破坏湿地的行为提起公益诉讼。通过公益诉讼制度，形成湿地保护合力，促进湿地保护与开发健康协调发展。

（三）湿地保护经费投入与实际需求差距较大

在调研的过程中，地方湿地保护区面临的一个很大问题就是经费不足。由于湿地保护属于社会公益事业，是对环境公共利益的维护与增进，需要由公共财政确保资金投入。现行的地方立法中有一些明确规定将湿地保护资金纳入财政经费，还有一些只是笼统地规定予以资金保障或协调解决。虽然近年来，国家加大了对湿地保护方面的经费投入，但是受国家财力限制，与湿地保护的现实需要相比，缺口仍然很大，尤其是项目的地方财政投资落实困难。湿地监测、监控设施维护与设备购置、湿地植被恢复、湿地有害生物防治、生态补水、疏浚清淤、管护人员支出等方方面面都需要经费。"十一五"规划中央投资到位率仅为 38.4%。[1]《全国湿地保护工程"十二五"实施规划》的预算总投入 129.87 亿元，其中中央投入 55.85 亿元，地方投资 74.02 亿元。"十二五"期间实际完成项目总投入 67.02 亿元，其中：中央投入 53.5 亿元，地方投资 13.52 亿元。[2] 中央投资的到位率为 95.79%，地方投资到位率仅为 18.27%。"十三五"期间，规划总投入 176. 81 亿元。其中：退耕还湿、生态效益补偿补助试点等投入 80 亿元；湿地保护与修复重大工程投入 83.55 亿元，包括湿地恢复、扩大湿地面积和湿地保护体系等建设；能力建设投入 7.85 亿元，包括湿地调查监测、宣教体系、科技支撑等建设；可持续利用示范工程投入 5.41 亿元。[3]

经费投入不足使得我国湿地现有的保护管理手段仍然较为落后，管理维护力量不足，缺少必要的保护、恢复、监测、宣教等设施设备。由于缺

---

① 樊清华：《海南湿地生态立法保护研究》，146 页，广州，中山大学出版社，2013。

② 《全国湿地保护"十三五"实施规划》，3 页，2016 年 11 月。

③ 《全国湿地保护"十三五"实施规划》，38 页，2016 年 11 月。

乏资金,湿地管护、湿地生态补水、湿地修复、湿地污染治理、湿地动态监测等常规工作难以有效开展。经费的投入不足严重影响对湿地保护的科技支撑和科学研究,导致湿地管理水平较低。在南海湿地调查期间发现,在实施具体的湿地保护过程中,经费不足问题突出,严重影响到湿地修复工程的进度和效率。湿地管理部门往往需要多方努力向上级争取经费或者采取其他方式融资解决经费问题。例如,内蒙古南海子省级湿地自然保护区湿地保护工程建设项目于 2013 年开始筹划申报,并列入了国家"十二五"湿地保护规划中,2013 年 10 月项目取得包头市发展和改革委员会批复,办理了能评、规划、土地、环评等立项手续。但由于该项目资金一直未能拨付,南海湿地多方努力争取资金,项目主体工程直到 2019 年 6 月才开工建设,2023 年已完工。

(四)湿地开发利用的模式单一,偏重单一效益

我国对湿地的开发利用历史悠久,利用方式主要有以下九种:围垦湿地,扩大耕地面积,发展种植业;利用湿地植被,发展草场畜牧业;利用湿地水面,发展鱼、虾、蟹、贝、禽、水生植物等水产养殖业;种植林木和瓜果,提供木材和蔬菜瓜果等;利用湿地种植的水生或湿生草本植物,发展造纸或编织工业;开采泥炭资源,提供燃料、化工原料或农业肥料等;发展晒盐业,提供原盐;开设湿地旅游风景区,为城市居民提供野外休闲和亲近大自然的活动场所;建立湿地自然保护区,为野生动植物研究教学提供实习基地等。[①] 但民众,甚至有些地方领导对湿地的各种功能和价值缺乏全面了解,对湿地保护意义认识不够,导致一些地方政府和社会公众更多地追求湿地的经济利益,没有注重系统地综合开发利用湿地。发展渔业、开发湿地景观、开发湿地游乐设施等,这些基本都是各大湿地风景区的常规做法,更注重湿地的经济价值,却容易忽视将湿地的经济效益、生态效益和社会效益结合起来,在未来的开发利用过程中,应予以重

---

① 樊清华:《海南湿地生态立法保护研究》,139~140 页,广州,中山大学出版社,2013。

视，否则极大可能会造成湿地整体效益下降。

（五）人为因素对湿地影响较大

湿地的面积减少甚至消失的原因是多方面的，除了自然萎缩以外，人为因素不可忽视，表现在以下两点。

一是对土地需求量的增加，压缩湿地面积。经济发展和人口增长使湿地面临严重威胁，大面积的农田开垦和城市开发对湿地面积造成极大影响，修建道路、养殖鱼虾、修建房屋、围垦种植等行为都需要向湿地要地，这些都是湿地面积骤减的主要原因。区域研究表明，农业发展往往是湿地丧失的主要原因。[①] 2010 年《全国水资源综合规划》数据显示，1950 年以来的半个多世纪内，面积大于 1000 公顷的 635 个湖泊中，有 231 个湖泊发生不同程度的萎缩。滨海滩涂湿地的破坏更为严重，大规模围填海、临港工业和码头建设、水产养殖和盐田开发造成我国滨海湿地不断萎缩。

二是湿地环境污染加剧。随着工业发展、农业生产和城镇化扩张，大量的工业废水、农业生产污染源、生活污水排放到湿地水体中，让湿地成为工农业废水、生活废水、废渣的承泄区，使湿地水体受到不同程度的污染。据国家林业和草原局的调查结果显示，污染已成为我国湿地面临的最严重威胁。我国湖泊、河流湿地普遍受到氮磷有机物和重金属污染，2018 年《中国生态环境状况公报》监测的 107 个湖泊（水库）中，有 31 个湖泊处于不同程度的富营养化状态，占被监测湖泊的 29%；对我国辽河、海河等 7 大水系水质监测结果表明，超过 1/4 的河段水质为 IV 类、V 类或劣 V 类，其中海河和辽河流域为中度污染。[②]

（六）湿地治理体制不健全

湿地保护工作不仅仅是政府及相关部门的职责，需要各个部门之间的

---

① 《湿地公约》秘书处：《全球湿地展望：2021 年特刊》，21 页，2021。
② 崔丽娟、雷茵茹：《保护湿地，给野生动植物一个安稳的家》，载《光明日报》，2020—02—29（9）。

协调之外，还需要社会公众的广泛参与。以前更多地强调政府管理，由政府对湿地实施行政管理，即通过公权力对湿地保护和开发利用进行管理规定，更强调政府一管到底，而忽略了其他社会主体的参与或者社会公众的参与流于形式，没有充分调动各社会主体保护湿地的积极性。

一是湿地行政管理体制混乱。湿地是一个综合的生态体系，涉及很多资源。目前的湿地管理体制实行分类管理体制，参与的资源管理部门多，包括生态环境、林业、渔业、水利、国土、航运等多个行政部门，湿地旅游资源的开发利用还涉及旅游管理部门，各行政管理部门在本部门管辖范围内，对湿地资源独立行使管辖。这样多部门的分类管理有利于明确各部门的分工，发挥各部门的优势，但也会存在一些弊端，容易导致部门间湿地管辖范围交叉和管辖权冲突，出现相互争管湿地或相互推诿的情况。

二是湿地具体的管理机构（如湿地自然保护区管理机构）对湿地管理的具体权限不够。这涉及湿地管理机构与对湿地有管辖权的行政部门之间的权力分配。由于湿地生态系统的特殊性，没有任何一个单一的行政部门能够承担保护湿地自然保护区内所有自然资源和自然环境的责任。但目前无论是政府授权还是法律授权方面，都没有明确授予湿地管理机构在湿地范围内代行其他行政部门的管理权力，保护区管理机构实际上只能代表所属的管理部门行使职权，没有足够的权限对保护区内的一切与湿地有关的行为进行统一的管理。这不利于湿地管理机构及时有效的管理保护区内的一些紧急事务。具体的湿地管理机构在业务上由上级主管部门管理，在行政上归所属的地方政府管理。

三是没有鼓励合理利用的激励政策和限制无序开发的制约政策，导致很多地方的湿地保护与合理利用工作难以开展。

（七）科技支撑薄弱

我国对湿地生态系统的研究较为薄弱，导致科学技术在湿地保护和开发利用方面发挥的支撑作用不够。原因在于以下三方面。

一是湿地生态系统较为复杂，湿地生态系统涉及水资源、土地资源、动植物、微生物等多种生态因子，在湿地这一特殊生态系统中发生着复杂的物理和化学反应，涉及的相关问题多且复杂，使相关问题在研究和运用中难以突破。

二是学界对于湿地的研究起步较晚。我国对湿地基础理论和应用技术的研究不够深入，特别是关于湿地与气候变化、水资源安全等重大关系的研究尚处于起步阶段。

三是湿地科研工作与管理工作结合不够紧密，导致仅有的研究成果没有得到有效的开发应用。

四是湿地研究的资金投入不足、研究力量薄弱，缺乏国家层面的重大研究课题和成果，再加上缺少必要的保护、恢复、监测、宣教等设施设备，保护方式单一，技术手段落后，导致湿地保护和开发利用中科技含量低，与国家先进水平存在较大差距。

三、对我国湿地保护与开发利用的思考建议

通过对南海湿地风景区的调研和思考，我们认为今后在湿地保护和开发的过程中，应当做好以下几个方面的工作。

（一）统一思想，正确处理湿地的保护与开发关系

湿地保护与开发工作是一项巨大的工程，涉及多方主体，而不仅仅是政府一方的责任。要做好这一工作，必须要使政府、管理机构、公民等相关主体在思想上保持统一，正确对待湿地的保护和开发工作。因为思想是指导行动的指南，只有树立了正确的思想观念，才能做出正确的、有利于湿地保护的行为。环境治理是国家治理能力的重要组成部分，客观上要求把民主法治更多地引入环境保护工作中。将民主协商和公共治理理念融入环境治理的过程中，通过政府、市场和公民三方互动来解决环境问题，即通过行政的、市场的和自治的机制和手段，积极实施有效地环境治理。公共治理一般是指政府及其他组织组成自组织网络，共同参与公共事务管理，谋求公共利益的最大化，并共同承担责任的治理形式。公共治理不同于政府治理，在公共治理理论的视域下，政府、市场和社会都不是唯一的

治理主体，三者的互动、合作成为必然选择。① 同理，对于湿地的保护与开发，也不能像过去那样只由政府一方进行管理，而应当由多元主体共同参与，应当统一各主体的保护和开发利用湿地的思想。合理利用湿地资源，可以让湿地保护与开发相互促进，形成一个良性循环。

1. 加强政府的组织领导

加强政府对湿地保护的组织领导，提高湿地治理能力。政府作为湿地保护工作的领导者，必须对湿地有系统性的正确认识，尤其要加深对湿地生态价值的认识，避免出现过渡开发利用湿地资源，破坏湿地生态环境的现象出现。各级政府要根据中央的相关部署，把各项湿地保护的任务指标分配落实到地方。地方各级政府要把湿地保护纳入重要的议事日程，既要建立高效有力的领导机构，成立专门的办公机构，也要充分发挥相关部门在湿地保护中的职能作用，形成湿地保护的合力。明确湿地保护的目标任务，纳入地方国民经济和社会发展长期规划，编制并组织实施地方的湿地保护工程规划，整体推进湿地保护与恢复。把湿地保护相关指标纳入地方党委政府的生态文明建设目标评价考核体系，落实地方党委政府湿地保护的主体责任。②

作为湿地保护工作的决策者，各级党委和政府要强化总体设计和组织领导，加强统筹协调和责任落实，完善资金支持体系，推动环保产业健康发展，积极推动形成全社会共同参与的机制。政府对湿地的保护和开发利用首先要做好顶层设计，避免因为胡乱开发导致湿地毁灭性的破坏，要使湿地的保护和开发利用规划符合全国主体功能区建设要求，全面推进湿地保护和修复工作。

2. 正确处理保护与开发的关系

强化具体管理机构的湿地保护意识，坚持在开发中保护、在保护中开发，正确处理湿地保护与开发的关系。国家鼓励支持西部地区发挥生态、民族民俗、边境风光等优势，大力发展旅游休闲、健康养生等服务业，提

① 周珂：《环境与资源保护法》，31 页，北京，中国人民大学出版社，2015。
② 《全国湿地保护"十三五"实施规划》，42 页，2017 年 3 月 28 日。

升旅游服务水平，打造区域重要支柱产业。但在开发湿地的过程中坚持保护优先的原则。作为湿地保护和开发的管理者，在执行具体的管理任务和落实湿地保护和开发政策时，应当根据决策者的规划和湿地保护工作的实际需要，制定相应的工作机制和制度，有效的实施湿地保护工作，不能一味地追求生态资源眼前的经济价值，而应把发展眼光放长远，要树立先保护、不破坏生态环境再开发的意识。习近平总书记在 2020 年 3 月 31 日考察杭州西溪湿地国家公园时指出：要坚定不移把保护摆在第一位，尽最大努力保持湿地生态和水环境。湿地贵在原生态，原生态是旅游的资本，发展旅游不能牺牲生态环境，不能搞过度商业化开发，不能搞一些影响生态环境的建筑，更不能搞私人会所，让公园成为人民群众共享的绿色空间。再次强调了湿地保护是根本的意识，即开发的前提是湿地受到保护，开发的最终目的是为了更好地保护湿地，而不是追求直接的经济价值。为了实现社会的公平和正义，国家需要制定法律规范来平衡各方利益，以保障国家、社会乃至人类的可持续利用发展。在对湿地进行开发利用的过程中，不能仅着重突出某一个效益，应对湿地效益的经济性进行分析和研究，对湿地的开发项目进行环境影响评估，对湿地生态效益进行静态和动态的分析，从而得出是否可以开发，同时如何保护其他利益的结论。

3. 提升公众保护意识

提高社会公众的湿地保护意识，依靠群众力量保护湿地。要提高公众的湿地保护意识，必须开展湿地保护宣传教育工作。湿地保护必须扩大社会参与，要通过广播、电视、报刊、网站、新媒体和各种宣传活动等，提高社会公众湿地保护意识和资源忧患意识，特别是决策者和湿地周边社区群众的湿地保护意识，牢固树立"尊重自然、顺应自然、保护自然"的生态文明理念，增强支持、参与湿地保护的自觉性，在全社会营造一种重视湿地、爱护湿地和保护湿地的良好社会氛围。[①] 提高全社会对湿地重要性的认识，加深湿地与水、湿地与野生动植物、湿地与森林和海洋等其他生态系统、湿地与人类自身生存关系的了解和认知，并以此为契机，达成保

---

① 《全国湿地保护"十三五"实施规划》，44 页，2016 年 11 月。

护湿地就是保护人类自身生存与发展空间的基本共识，进而转化为保护湿地的自觉行动。民众保护湿地的意识提高了，一方面是民众主动不实施破坏湿地的行为，减少民众对湿地实施破坏行为；另一方面是民众主动打击破坏湿地的行为，增加民众保护湿地的行为，配合执法部门打击破坏湿地的违法行为。社会公众可以从身边的点滴小事做起，包括：选择绿色生活方式，减少对水资源的消耗；杜绝向湿地排放有毒有害物质；不吃野生动物，不参加任何形式的野生动物交易活动；积极参加湿地科普宣教或培训等，增强湿地保护意识，最终形成全社会共同参与和支持湿地保护的良好氛围。①

（二）完善湿地保护与开发利用的制度保障

在湿地保护与开发利用的过程中，离不开各项制度的保障。发达国家和发展中国家由于国情不一样，对湿地所采取的保护和利用政策、制度各有特点，有许多值得我国借鉴的地方。至少应当从以下两个方面完善制度，一个是湿地保护与开发利用的法律制度；通过国家强制力保证实施对湿地的保护和开发利用。另一个是湿地保护与开发利用的政策，以解决在较短时间内急需解决的湿地保护、修复和利用问题。因为加强湿地保护立法和政策是有效维护和恢复湿地生态系统功能的迫切需要。

1. 进一步推动和完善湿地保护与开发的法律制度

通过立法明确湿地保护责任主体，运用法律制度保障湿地保护措施的落实，是各国通行、有效的做法，也是我国全面推进依法治国的必然要求。

（1）确立多层次湿地保护立法，完善湿地保护与开发的法律体系。衔接《水法》《海洋环境保护法》等相关法律。我国已经出台实施了统领全国湿地保护工作的《湿地保护法》，为全国的湿地保护与开发工作指明了统一行动方向。各地应以《湿地保护法》为中心，及时制定或修订地方湿

---

① 崔丽娟、雷茵茹：《保护湿地，给野生动植物一个安稳的家》，载《光明日报》，2020－02－29（9）。

地保护法规，提高地方湿地保护立法体系的整体性、系统性和协调性。

（2）完善相关立法内容。一是要完善理顺湿地管理职权的立法内容。在立法上可明确赋予国家林业和草原行政主管部门对湿地进行统一管理的权限，相关部门在涉及湿地管理的事项上统一接受其领导，从而杜绝各自为政、相互扯皮的管理纠纷，提高湿地管理的效率。完善对湿地管理机构实施湿地管理事务的决策监督和决策程序的立法内容，对涉及公共利益的湿地规划、建设等行政管理决定制度，进一步细化公众参与制度，公众如何参与、何时参与、公众意见的处理说明等均需完善。在处理湿地行政管理职权冲突或利益冲突方面，可以设立行政调解和裁决制度，以便协调不同湿地管理部门之间、不同行政区域之间、不同湿地受益群体之间的冲突问题。湿地资源丰富的地方，可以设立湿地保护的专职机构，协调履行相应的湿地保护职责。二是健全湿地产权制度，明确湿地资源的权属问题。通过立法明确湿地资源的取得方式，必须经过一定程序，进行登记注册，通过法定的方式取得并办理相关手续而确认。明确不同权利主体在湿地资源保护与利用中的权利。此外，还应当对问题较为突出的湿地保护区的资源权属问题进一步明确。可赋予保护区更多的权力，在体制上具有相对独立性，以便其加强保护区的管理，保护湿地生态安全。

（3）加强湿地保护的行政执法。在执法方面，高素质的执法队伍是实现依法行政，保护湿地的重要保证。已经出台湿地立法的省份，要切实加大执法力度，加强对湿地行政执法人员的培训，提高执法人员的执法水平，依法高效保护管理湿地。没有颁布《湿地保护条例》的省要加强湿地保护法制建设，湿地自然保护区和国家湿地公园要实行一区（园）一法。增加湿地执法设备，提高执法手段的现代化和科学化。完善环境执法体系，由统一的湿地管理机构统领，明确各执法机构间的权责，更好地协调环境行政执法工作，形成执法合力。加强湿地行政执法的监督机制建设，避免出现执法人员的违规执法、执法不公等现象。

（4）在防范法律风险方面，一是应当加强湿地保护、修复与开发工程可能存在的法律风险事前防范，在签订建设工程合同前做好风控，重视法律顾问团或部门的意见。二是在履行相关合同时，应当秉持诚实信用原则，全面履行合同，保证湿地建设工程的质量。三是应当加强对湿地风景区的安全检查，做好安全注意义务，消除安全隐患，避免出现侵害游客身体健康、生命安全的情况。四是注重对湿地保护的公益诉讼。公益诉讼机关和相关的社会团体应当针对重大的、影响较大的湿地污染、湿地破坏行为积极行使环境民事公益诉讼，激励更多的主体关注湿地，参与湿地保护。

2. 构建湿地保护及利用的综合政策体系

（1）加强湿地保护力度，推进湿地保护修复。保护与恢复湿地生态系统是我国湿地保护的重要任务。《全国湿地保护规划（2022—2030年)》明确了湿地保护的重点任务，以全面保护湿地和提供优美生态产品为目标，以推进湿地保护高质量发展为主线，以实施重大保护修复工程为抓手，全面贯彻实施《湿地保护法》，建立健全部门协作、总量管控、分级分类管理、系统修复、科学利用的湿地保护管理体系，为建设生态文明、美丽中国和人与自然和谐共生的现代化作出新贡献。制定鼓励社会各主体参与湿地保护的积极政策。

（2）探索开展湿地生态效益补偿。湿地生态系统的生态服务功能独特，生态服务价值巨大，初步估算，我国国际重要湿地，每年每公顷湿地的价值为11.42万元。这些生态服务功能具有很强的正外部性，开展湿地生态补偿，平衡湿地保护者和湿地使用者之间利用关系，调动方方面面的湿地保护积极性，维护湿地生态服务功能，保障其可持续性。2014—2015年开展的湿地生态补偿试点表明，湿地所在的当地政府、保护管理机构及社区民众一致拥护这项政策，并积极参与其中，这对建立湿地保护的长效机制，改善生态、改善民生起到了良好的促进作用。因此，"十三五"期间，继续加大开展湿地生态效益补偿工作意义十分重大。[1] 我国在2014年修订的《环境保护法》中第三十一条专门规定国家建立健全生态补偿制度，针对国家重点生态功能区，强调国家加大对生态保护地区的财政支付转移力度，且通过中央财政转移支付是目前主要的方式。针对上下游之间

---

① 《全国湿地保护"十三五"实施规划》，19页，2016。

的生态功能区，有关地方政府应当落实生态保护补偿资金，主要是地方横向转移支付。但生态补偿制度的实施并没有在各资源领域全面推广，且主要是通过财政转移支付的方式，而市场机制在生态补偿中的运用不足。今后在市场机制中应明确市场参与主体、补偿对象、补偿标准等问题，进一步充分发挥市场机制在生态补偿中的作用。

（3）建立资源承载能力监测预警机制，保护湿地水资源安全。安全的水资源是湿地生态系统发挥生态功能的重要保障，应当加强对湿地水资源的保护。加强湿地水质监测，建立湿地环境资源承载能力监测预警机制，通过规划资源开发利用行为，促进资源节约，保护生态平衡，提高资源承载能力。水资源承载能力主要由水环境容量（纳污能力）和水资源的供给能力两部分组成。一个是湿地水资源的纳污能力，一个是湿地水资源为人类生产生活所用的供给能力。水资源纳污能力不能超过其所承纳的污染物最大数，否则会造成湿地水污染。要防止湿地污染，一是要减少向湿地排放生产废水和生活污水，履行好保护湿地生态环境的义务。二是政府相关部门依法制定污染防控规划和污染控制标准，并严格执行湿地污染防控制度。加强对湿地周边企业的排放污染物的监督检查，对新建企业严格执行"三同时"制度，对湿地周围的农业面源污染进行有效控制。水资源供给能力的大小必须考虑生态平衡的问题。对西北干旱半干旱地区的湿地，重点加强水资源调配与管理，合理确定生活、生产和生态用水，确保湿地生态用水需求。在湿地规划中，应当充分考虑流域总水量情况、流域内生产用水和生活用水以及生态用水需求的情况，按比例进行用水分配。规定湿地的补水制度，保证湿地水资源的合理水位，当出现水位异常时，应当采取措施合理补充水源。

（4）加快实施重大工程，强化湿地保护工程管理。一是加快湿地保护工程建设，加强湿地保护管理，增强湿地保护设施、巡护设施设备、防火设施设备、科普宣教设施、资源调查设备、科研档案管理设施设备等基础设施建设。二是推进湿地恢复工程建设。包括退化湿地恢复、湿地生态修复和野生动植物生境恢复等。三是扩大湿地面积工程建设。对原有湿地已经遭受到严重破坏，已成为非湿地，改变了原有湿地性质，通过工程和非工程措施恢复成湿地的工程建设，包括退耕还湿、盐碱化土地复湿、退牧还湿等。主要措施包括土地整理、湿地植被、沟渠建设、生态补水、清淤疏浚、栖息地修复、污染综合治理等。工程建设要按照全面质量管理的要求，建立一整套科学、高效的管理制度体系。做好项目的可行性研究，合理确定建设规模与投入预算，严把项目审批关。实行项目法人责任制、合同管理制、招投标制、项目监理制等。加强项目实施监管，严格按照国家技术标准和质量要求施工，确保工程质量。

（5）确保湿地开发利用与国家湿地保护规划相统一，做好可持续利用示范。在开发利用湿地的工程中，应当重视以下几个问题：一是注重与湿地文化相结合，湿地特有的资源进行开发利用，注意湿地文化遗产的保护与传承；二是以保障湿地生态功能为根本进行开发，坚持可持续利用，发挥湿地的多功能效益；三是提高湿地开发利用的科技含量，在开发项目中注入更多的新科技，以新科技吸引游客；四是建立高效立体农业生态综合利用示范区。在维护湿地生态系统稳定和健康的前提下，采取生态清淤、植被恢复和种植、增殖放流等措施，开展湿地高效立体生态农业综合利用，促进湿地生态系统的健康和经济社会的可持续发展。

（三）完善湿地保护与开发利用的经费保障

湿地保护不仅是社会性很强的公益性事业，也是全社会共同的责任和义务。本着公益性事业以政府投入为主、经营性项目与社会资本结合的原则，统筹安排湿地保护资金渠道。

1. 增加财政经费支持

充足的资金投入是湿地保护工程实施的基础保障。根据相关行政法规的规定，管理自然保护区所需经费，由自然保护区所在地的县级以上地方人民政府安排，国家对国家级保护区的管理，给予适当的资金补助。[①] 中央预算内投资主要用于支持实施国际重要湿地和国家级湿地自然保护区湿地保护与恢复项目，主要用于湿地恢复工程、扩大湿地面积工程和保护管

---

① 《中华人民共和国自然保护区条例（2017修正）》，第二十三条，2017。

理设施建设、科研监测能力建设等公益性内容，中央财政资金支持的重点为林业系统管理的重要湿地。在加大中央投入力度的基础上，要求地方政府要将湿地保护纳入本地区国民经济和社会发展规划，所需经费纳入同级财政预算，确保地方资金的投入。这些经费将推动我国湿地保护工作的顺利开展。未来，相信各级政府会进一步增加财政经费支持湿地保护工作，尤其对国际重要湿地和国家级湿地自然保护区的保护工程。

2. 建立湿地保护多元化投入机制

由于我国湿地保护现状的资金缺口大，国家财政有限，完全依靠财政支持我国湿地保护工作是远远不够的，必须深化改革创新，充分发挥政府投资的引导性作用，积极扩大湿地保护的社会资金投入，鼓励社会各界采取基金、捐赠、PPP等多种投入形式，积极争取国际资金的融入，加强湿地资源保护，形成多渠道、多元化的湿地保护投入机制，并形成一种湿地的保护与利用相互促进的良性循环机制。例如，鼓励和引导社会资本发展湿地保护和湿地旅游，建成一批具有地方特色的湿地旅游景区，促进保护与科研、宣教、生态旅游等相结合。探索开展湿地生态效益补偿，在此领域增强市场要素的参与度，通过市场规律运作。

在保障湿地资金投入的同时，也要加强资金的管理，加强审计工作，确保把经费用在湿地保护和开发利用上。在湿地修复工程的实施过程中，应加强项目建设资金管理，严禁挤占、截留和挪用项目资金，提高项目资金使用效率和项目建设质量。对于专项经费的支出，应当严格按照相关财务制度执行，确保高效、合法、合规地使用经费。

（四）加大湿地保护的科技支撑

要加强湿地保护的能力建设，在加大湿地资源调查监测、科技支撑、科普宣教等建设基础上，建立健全我国湿地资源调查监测系统、科普宣教体系和教育培训体系等管理信息系统。科学技术是第一生产力，在湿地的保护与开发利用过程中也不例外，尤其是湿地的保护和修复工作，需要科学技术解决湿地污染、湿地生态破坏等问题。

1. 加强国家层面湿地研究能力建设

加强国家层面湿地研究机构的能力建设，提高其科学研究水平，开展湿地保护与恢复技术、湿地退化机理、湿地生态预警机制、泥炭沼泽碳库、湿地生态系统评价等方面的科学研究，构建统一的湿地调查监测、评估和预警平台，充分利用已建生态监测站点和野外基地；制定相关湿地保护与恢复等建设工程的技术标准和规范，建立并完善湿地保护项目建设成果监测和评估体系，积极探索湿地保护与恢复技术，提高项目建设成果科技含量，总结项目建设经验，积极推广成功项目的技术模式，增强科研成果转化与应用，提升我国湿地管理和湿地研究的科技能力，解决国家急需的湿地保护关键技术。对于一些关键技术或者急需解决的共性问题，不能只停留在由基层湿地管理机构主动去找相关院校合作，应由国家层面加以攻破，再由基层湿地管理机构将科研成果转化与应用。而对于一些国际重要湿地、国家重要湿地以及生态区位重要的国家湿地公园、自然保护区等湿地区域面临的特殊情况难以依靠自身力量解决的问题，也可以建立一定的反馈渠道，由国家湿地管理部门出面进行研究解决。这样才能充分发挥科技力量为湿地保护工作保驾护航。

2. 加强基层湿地管理机构科研能力建设

加强省级湿地保护管理中心及湿地自然保护区的科研能力建设，加强人员技术培训。主要包括湿地自然保护区的科研监测中心、实验仪器设备、野外调查设备、湿地物种基因库等建设。全面强化科技保障工作，做到对工程建设的科学规划、科学设计、科学实施，切实将科技保障贯穿于工程规划和实施的全过程。与高校、科研院所和企业建立项目实施合作机制，及时针对工程实施过程中需要解决的关键技术问题进行攻关，应用和推广相关成果。建立国际交流机制，及时引进国外在湿地保护、恢复和合理利用等领域的先进理念和技术。开展多层次、多形式培训，提高项目管理和技术人员素质。

（五）加强湿地国际合作与履约，促进全球协作共赢

加强与有关国家和国际组织在湿地保护与恢复方面的国际合作与交

流，认真履行与相关国家签订的双边协议和《湿地公约》等国际公约，积极参与全球湿地问题的磋商和研究，建立健全湿地保护合作机制，引进和吸收国际上湿地保护的先进理念和技术，努力提高我国湿地保护管理水平，同时也为国际湿地保护与恢复提供有益经验和成功案例，推动全球湿地保护事业的发展，维护我国负责任大国的国际形象。①

　　构筑湿地保护命运共同体，离不开全球协作共赢。有一些湿地地处我国和相邻国家的界湖、界河和海域，其水资源分配、水域污染、渔业捕捞等均关乎相关国家的共同利益，需要多国共同决策。许多珍稀濒危的鸟类常常飞越国界，为了保护这些跨国迁徙鸟类，中国政府分别与日本、澳大利亚政府签订了中日、中澳候鸟保护协定，与俄罗斯政府签订了中俄两国共同保护兴凯湖湿地的协定，与新西兰政府签署了保护包括红腹滨鹬、斑尾塍鹬等 26 种水鸟及其栖息地的备忘录。未来，中国还将继续与国际社会开展广泛的交流与合作，携手推动全球湿地生态系统治理。②

---

① 《全国湿地保护"十三五"实施规划》，44～45 页，2016 年 11 月。
② 崔丽娟、雷茵茹：《保护湿地，给野生动植物一个安稳的家》，载《光明日报》，2020－02－29（9）。

主要参考文献

一、法规政策类

［1］全国湿地保护"十三五"实施规划.2017—03.

［2］国务院关于生态补偿机制建设工作情况的报告.2013—04—23.

［3］湿地保护管理规定（2017 年修订）.2018—01—01.

［4］国务院办公厅关于印发湿地保护修复制度方案的通知（国办发〔2016〕89 号）.

［5］国家湿地公园管理办法.2018—01—01.

［6］中华人民共和国自然保护区条例（2017 修正）.2017—10—07.

［7］全国人民代表大会环境与资源保护委员会关于第十二届全国人民代表大会第三次会议主席团交付审议的代表提出的议案审议结果的报告.2015—10—30.

［8］中国湿地保护计划（2000—2020 年）.

［9］旅游风景区质量等级的划分与评定（GB/T 17775—2003）（2005 修订）.

［10］关于特别是作为水禽栖息地的国际重要湿地公约.

［11］包头市南海子湿地自然保护区条例（2019 修正）.

［12］中华人民共和国湿地保护法.2022—06—01.

［13］全国湿地保护规划（2022—2030 年）.2022—10.

二、著作类

[1] 周珂．环境与资源保护法．第 3 版．北京：中国人民大学出版社，2015.

[2] 樊清华．海南湿地生态立法保护研究．广州：中山大学出版社，2013.

[3] 陈国栋，张超．天然宝库——湿地．济南：山东科学技术出版社，2016.

[4] 虞炜．内蒙古南海子湿地鸟类．北京：中国林业出版社，2017.

[5] 苗春林．遗鸥研究与保护．北京：中国林业出版社，2014.

[6] 毕捷．内蒙古南海子湿地植物．呼和浩特：内蒙古出版集团，内蒙古人民出版社，2014.

[7] 田勇．守护最后一块湿地．石家庄：河北科学技术出版社，2014.

[8] 李婧．濒临灭绝的动植物．武汉：武汉大学出版社，2013.

[9] 虞炜．湿地南海．北京：中国林业出版社，2015.

[10] 陈煜初，付彦荣．水生植物轻图鉴．南京：江苏凤凰科学技术出版社，2023.

[11] 谷安琳，王宗礼．中国北方草地植物彩色图谱．北京：中国农业科学技术出版社，2011.

[12] 李春林．中国鱼类图鉴．太原：山西科学技术出版社，2015.

[13] 杨贵生．内蒙古湿地鸟类．呼和浩特：内蒙古人民出版社，2021.

三、论文类

[1] 崔丽娟，雷茵茹．保护湿地，给野生动植物一个安稳的家．光明日报，2020—02—29（9）．

[2] 陈海嵩，梁金龙．湿地保护地方立法若干重点问题探析．地方立法研究，2017（4）．

[3] 虞炜，刘彬，赵丽．加强包头南海的保护和管理，发挥城市湿地

的生态功能．内蒙古林业，2007（6）．

［4］刘利，张乐，孙艳．包头南海湿地夜鹭卵 7 种重金属含量分析．内蒙古大学学报（自然科学版），2017（11）．

［5］卞晓燕，苗春林，司万童等．2016 年春季包头南海子湿地鸟类多样性调查．湿地科学，2018，16（3）．

［6］刘瑞龙，赵巍，郝静颐．水生湿生植物与湿地环境关系初探——以包头黄河国家湿地公园南海湖片区为例．内蒙古林业，2018（4）．

附录一：对原包头市南海湿地管理处
主任虞炜的访谈

访谈时间：2018 年 7 月 5 日

访谈人：秦莉佳

被访谈人：南海湿地管理处原党委书记、处长：虞炜

被访谈人简介：虞炜，南海湿地管理处原党委书记、处长，南海湿地保护系统建设的奠基人，他最有名的观点就是一定要拿起法律武器来保护湿地。2004 年他从政法系统下派南海维稳，一干就是十四年。在南海湿地逐渐理顺了管理体系，使南海湿地走出困境，建立了一套以湿地保护为核心，实现旅游文化产业、生态养殖产业、环保水务产业、科普宣教产业融合发展的基本思路。

1. 问：我国至今还没有一部关于湿地保护的专门法律，《湿地保护管理规定》这一部门规章也是 2013 年 5 月 1 日才开始实施，而包头市南海湿地在 2006 年起就开始起草《南海子湿地自然保护区条例》，并于 2008 年 6 月 1 日开始实施该条例，运用法律保护南海湿地。是什么原因促使你们率先通过立法解决湿地保护问题的？

答：主要有两个方面的原因。一是在处理 2004 年空难赔偿问题的时候，关于航空环境污染的赔偿是法律空白，很多方面都没有明确的法律依据，导致在赔偿的时候很被动。怎样计算湿地的损失？多少赔偿才能补救、修复毁于一旦的南海湿地？这让我们感觉到没有法律依据对于湿地的保护很不利。二是当时南海湿地受侵害的情况较为严重。南海湿地位于城市近郊，周边村民、农民侵占湿地、捕鸟行为、城市污水排入湿地等污染

行为表现突出。要解决这些问题，必须要有法可依。为此，2005 年我们就建议东河区人大立法。明确谁保护湿地？如何保护？只有通过立法，我们才能享有执法权，才能被赋予相应的职权，在法律规定的范围内去解决侵害湿地的违法行为。因此，制定一部符合我市实际情况的地方性法规十分必要。

《条例》实施十年来取得了很多成效，发挥了应有的作用，使我们的执法更加合法、高效。当然，这一条例已经实施了十年，也需要根据实际的情况做进一步修改，希望立法部门能够针对湿地现实保护过程中存在的问题修订《条例》，能够让我们更好地为保护湿地作贡献。

2. 问：谈谈湿地保护与开发利用的关系。

答：根据《包头市南海子湿地自然保护区条例》第四条"湿地保护应当坚持全面保护、生态优先、永续利用的原则"的规定，我们坚持全面保护与合理开发利用的原则。当二者冲突时，开发利用要给保护让道。我们是通过旅游开发唤起对湿地的保护，而不仅仅是通过旅游开发追求经济效益。湿地资源是大自然赐给人类的宝贵财富，合理利用湿地资源，进而反补湿地保护是湿地管理的关键所在。南海湿地坚持生态产业化、产业生态化的理念，在保护的前提下，根据产业发展规划，创新性开展湿地利用，大力发展绿色产业，提高湿地生产力。例如，我们在开发渔业资源的时候，创建绿色食品渔业品牌，保护水体的质量，减少水体中氮、磷含量，保证南海水产品的良好品质。我们的文化旅游、渔业养殖等产业的收入每年为 1000 万元左右，我们不能仅仅追求利益最大化，而要充分考虑湿地的承载能力，不能以损害湿地为前提，并且这些创收要反补于南海湿地保护建设。

3. 问：请谈谈你们对南海湿地鸟类的保护。

答：鸟类资源是我们南海湿地很珍贵的资源，也是我们重点保护的对象。在对南海湿地鸟类的保护方面，我们从两个方面进行：一方面是进行专业的保护。成立了专门的巡逻队伍，加大对涉鸟违法行为的打击力度；建立救护站，救护受伤的鸟类，给予照顾；加强鸟类科研和监测，创造适合鸟类繁衍生息的生境；修复、保护南海湿地的生态环境，改善水质，丰富植物等。另一方面发动 NGO、环境联合义工等民间组织、个人加入保护鸟类的队伍。采取请进来和走进来相结合的方式召集义工，即主动召集和吸引进来的方式。主动召集一些专业人士或组织参与保护义务活动，例如聘请 12 名专家作为生态顾问、与爱鸟协会合作保护等。吸引中学生、大学生作为志愿者参与保护鸟类活动。志愿者的参与对湿地保护工作起到了积极的作用。近百人参与巡护工作，参与宣传保护鸟类的活动等。

4. 问：请谈谈政府在保护南海湿地中做了哪些工作？希望政府今后在哪些方面能进一步提供支持和帮助？

答：市委、市政府和东河区委、区政府都非常重视南海湿地的保护工作。主要在以下几个方面给予了支持。一是将南海湿地的保护列入了国民经济规划中，对南海湿地的保护、开发、建设做了详细的规划。二是给予财政支持，每年给予相应的专用经费用于南海湿地的保护，包括修复经费、人员经费等。三是对湿地保护提出了具体的要求，指导管理处开展工作。四是主导联合执法机制，联合环保、公安等部门开展联合执法行动，保护南海湿地。南海湿地的保护需要很多的经费，目前已有的经费还是有限的，希望政府今后能进一步给予对湿地保护的投入，同时也希望政府能帮我们筹集经费牵线搭桥、创造平台、给予政策支持等，为保护南海湿地建设筹集更多的经费。

5. 问：对于南海湿地的建设，谈谈您的个人展望。

答：南海湿地的保护与开发建设的经验可以总结为：以保护为根本，以创新为核心，以文化为灵魂，以旅游为载体，以产业为方向，以队伍为保障。希望在今后的建设中，第一，继续坚持"依法治湿、以科兴湿、以宣知湿、以产促湿"，把南海湿地保护、建设得更好。第二，希望南海湿地的保护和建设取得更大的成绩。生态环境经过建设变得更好，水更清，鸟更多，生物多样性更丰富，生态功能性更加凸显，蓄洪抗旱能力得到进一步提高。

附录二：对南海子湿地自然保护区管护中心党委副书记王志强的电话访谈

电话访谈时间：2023 年 9 月 27 日

访谈人：秦莉佳

被访谈人：南海子湿地自然保护区管护中心党委副书记：王志强

被访谈人简介：王志强，现任包头市南海子湿地自然保护区管护中心党委副书记（主持全面工作）。就任以来在湿地保护、景区经营方面，高质量完成区委、区政府交办的各项工作任务。争取到内蒙古自治区首单湿地碳汇保险在包头市南海湿地试点落地，为南海子湿地自然保护区提供 35.87 万元碳汇损失风险保障。将南海子湿地自然保护区列入全民所有自然资源资产所有权委托代理机制的湿地试点单位，为自治区唯一试点。

1. 问：2022 年《湿地保护法》实施后，南海湿地在"依法治湿"方面取得哪些新成效？

答：《湿地保护法》的实施，让湿地保护工作有法可依有据可循。通过人工巡护与智能监控相结合的保护体系，实现湿地管护全覆盖。巡护人员对保护区内违规放牧、耕地、捕鱼、捕鸟等破坏湿地的违法行为及时制止并上报市林草综合行政执法支队。向市民及周边村镇发放湿地普法资料，张贴、发放森林草原防火通告、防灭火知识宣传册，举办"世界湿地日"、野生动植物保护日宣教活动，提升市民对湿地保护的认识度。

2. 问：请谈谈南海湿地保护工作与开发工作的最新进展。

答：在湿地保护工作方面，我们实施了"包头市南海湖水体治理与生态修复工程"和"包头黄河南海子湿地保护恢复工程",其中"包头市南海湖水体治理与生态修复工程"已投入使用。项目的实施,将有效改善水禽栖息地和湿地水质,使湖水水质接近地表IV类标准,最终实现湿地生态系统良性循环。

在景区开发方面,我们一直秉承着绿色发展理念,在不破坏湿地环境的前提下,结合东河区文旅发展重点任务。举办"包头南海黄河鲤鱼节""文化和自然遗产日"系列活动、包头市首届端午民俗文化节暨"工商银行杯"龙舟赛、"2023包头首届菊花旅游文化节"等30场丰富多彩的文旅活动。引进摩托艇、南海1号营地等项目,打造"黄河漂流学校"水上营地、自然教育营地、黄金沙滩项目,为2万余人次提供自然教育、漂流等服务。

3. 问:请谈谈南海湿地在保护与开发过程中面临哪些问题及解决这些问题的途径。

答:湿地保护主要面临湿地缺水严重、修复费用无固定来源的问题。希望通过协调水利部门优化调度,保障南海湿地600万立方米生态补水需求。作为自治区级湿地自然保护区,希望自治区林草厅研究制定并拨付湿地保护资金,建立稳定的湿地保护投入机制,解决湿地保护费用不足的问题。

景区开发存在文旅融合不足。没有把"水旱码头""走西口文化"的历史文化资源和湿地资源、鸟类资源转化为产业优势,旅游业态开发不够,体验式旅游业态少,文创产品少,未形成引流"爆点"业态。可通过加强招商引资力度,对接知名文旅企业,盘活周边闲置地块,举办各类影响力大的赛事活动,打造"爆点"吸引目标人群,提升南海旅游影响力、知名度。在确保国有资产保值增值的前提下,高标准开发利用南海景区及现有闲置地块和水域资源,采取多种合作模式,提升景区运营水平,创建著名景区。

4. 问：对于南海湿地的建设，谈谈您的个人展望。

答：希望通过物联网、大数据、人工智能等先进技术，打造智慧湿地监控监测平台，实现对湿地资源的管理、监测、变化预测分析等，为湿地保护和合理利用提供辅助决策支持服务。打造"空天地"一体化监测网络，集成无人机、高点监控、卡口监控、水文监测、环境气象监测等基础设施和监测设备，用科技全方位呵护湿地资源。

附录三：内蒙古南海子湿地鸟类名录

种类	居留型	区系从属	分布型	数量级	保护级别	IUCN红色名录等级	备注
Ⅰ．䴙䴘目 PODICIPEDIFORMES							
一、䴙䴘科 Podicipedidae							
1. 小䴙䴘 Tachybaptus ruficollis	S	广布种	东洋型（包括少数旧热带型或环球热带—温带）	+ + +	√	LC	
2. 凤头䴙䴘 Podiceps cristatus	S	广布种	古北型	+ + + +	√	LC	
3. 角䴙䴘 Podiceps auritus	P	古北种	全北型	+	Ⅱ	VU	NT
4. 黑颈䴙䴘 Podiceps nigricollis	S	广布种	全北型	+ + +	Ⅱ	LC	
Ⅱ．鹈形目 PELECANIFORMES							
二、鹈鹕科 Pelecanidae							
5. 卷羽鹈鹕 Pelecanus crispus	P	广布种	古北型	+ +	Ⅰ	VU	EN （Ⅱ升Ⅰ）
三、鸬鹚科 Phalacrocoracidae							
6. 普通鸬鹚 Phalacrocorax carbo	S	广布种	不易归类的分布	+ + +	√	LC	
Ⅲ．鹳形目 CICONIIFORMES							
四、鹭科 Ardeidae							
7. 苍鹭 Ardea cinerea	S	广布种	古北型	+ + + +	√	LC	
8. 草鹭 Ardea purpurea	S	广布种	古北型	+ + +	√	LC	

种类	居留型	区系从属	分布型	数量级	保护级别	IUCN红色名录等级	备注
9. 大白鹭 Ardea alba	S	广布种	不易归类的分布	+ + + +	√	LC	
10. 白鹭 Egretta garzetta	P	东洋种	东洋型（包括少数旧热带型或环球热带—温带）	+ + +	√	LC	
11. 牛背鹭 Bubulcus ibis	P	东洋种	东洋型（包括少数旧热带型或环球热带—温带）	+ +	√	–	LC
12. 池鹭 Ardeola bacchus	S	东洋种	东洋型（包括少数旧热带型或环球热带—温带）	+ +	√	LC	
13. 夜鹭 Nycticorax nycticorax	S	广布种	不易归类的分布	+ + +	√	LC	
14. 黄斑苇鳽 Ixobrychus sinensis	S	东洋种	东洋型（包括少数旧热带型或环球热带—温带）	+ + +	√	LC	
15. 紫背苇鳽 Ixobrychus eurhythmus	S	古北种	季风区型（东部湿润地区为主）	+ +	√	LC	
16. 大麻鳽 Botaurus stellaris	S	古北种	古北型	+ + +	√	LC	
五、鹳科 Ciconiidae							
17. 黑鹳 Ciconia nigra	P	古北种	古北型	+ +	I	LC	VU
六、鹮科 Threskiornithidae							
18. 白琵鹭 Platalea leucorodia	S	古北种	不易归类的分布	+ + + +	II	LC	NT
Ⅳ. 雁形目 ANSERIFORMES							
七、鸭科 Anatidae							
19. 疣鼻天鹅 Cygnus olor	P	古北种	古北型	+ + +	II	LC	NT
20. 大天鹅 Cygnus cygnus	P	古北种	全北型	+ + +	II	LC	NT
21. 小天鹅 Cygnus columbianus	P	古北种	全北型	+ + +	II	LC	NT

种类	居留型	区系从属	分布型	数量级	保护级别	IUCN红色名录等级	备注
22. 鸿雁 Anser cygnoides	P	古北种	东北型（我国东北地区或再包括附近地区）	+ +	Ⅱ	VU	
23. 豆雁 Anser fabalis	P	古北种	古北型	+ + +	√	LC	
24. 灰雁 Anser anser	P	古北种	古北型	+ + +	√	LC	
25. 赤麻鸭 Tadorna ferruginea	P	古北种	古北型	+ + +	√	LC	
26. 翘鼻麻鸭 Tadorna tadorna	P	古北种	古北型	+ +	√	LC	
27. 鸳鸯 Aix galericulata	P	古北种	季风区型（东部湿润地区为主）	+	Ⅱ	LC	NT
28. 赤颈鸭 Anas penelope	P	古北种	全北型	+ + +	√	LC	
29. 罗纹鸭 Anas falcata	P	古北种	东北型（我国东北地区或再包括附近地区）	+ +	√	NT	
30. 赤膀鸭 Anas strepera	S	古北种	古北型	+ + +	√	LC	
31. 绿翅鸭 Anas crecca	P	古北种	全北型	+ + +	√	LC	
32. 绿头鸭 Anas platyrhynchos	P	古北种	全北型	+ + +	√	LC	
33. 斑嘴鸭 Anas poecilorhyncha	S	广布种	东洋型（包括少数旧热带型或环球热带—温带）	+ + +	√	LC	
34. 针尾鸭 Anas acuta	P	古北种	全北型	+ + +	√	LC	
35. 白眉鸭 Anas querquedula	P	古北种	古北型	+ +	√	LC	
36. 琵嘴鸭 Anas clypeata	S	古北种	全北型	+ + +	√	LC	

续表

种类	居留型	区系从属	分布型	数量级	保护级别	IUCN红色名录等级	备注
37. 赤嘴潜鸭 Netta rufina	S	古北种	不易归类的分布	+ + + +	√	LC	
38. 红头潜鸭 Aythya ferina	S	古北种	全北型	+ + + +	√	VU	LC
39. 白眼潜鸭 Aythya nyroca	S	古北种	不易归类的分布	+ + + +	√	NT	
40. 凤头潜鸭 Aythya fuligula	P	古北种	古北型	+ + +	√	LC	
41. 鹊鸭 Bucephala clangula	P	古北种	全北型	+ + +	√	LC	
42. 斑头秋沙鸭 Mergellus albellus	P	古北种	古北型	+ + +	Ⅱ	LC	
43. 普通秋沙鸭 Mergus merganser	P	古北种	全北型	+ + +	√	LC	
44. 斑背潜鸭 Aythya marila	V	古北种	古北型	+	√	LC	新增
45. 长尾鸭 Clangula hyemalis	V	广布种	不详	+	√	VU	新增
46. 青头潜鸭 Aythya baeri	P	古北种	古北型	+	Ⅰ	CR	
47. 花脸鸭 Anas formosa	P	古北种	古北型	+	Ⅱ	LC	新增
Ⅴ．隼形目 FALCONIFORMES							
八、鹗科 Pandionidae							
48. 鹗 Pandion haliaetus	P	广布种	全北型	+ +	Ⅱ	LC	NT
九、鹰科 Accipitridae							
49. 白尾海雕 Haliaeetus albicilla	P	古北种	古北型	+	Ⅰ	LC	VU
50. 白腹鹞 Circus spilonotus	S	古北种	东北型（我国东北地区或再包括附近地区）	+ + +	Ⅱ	LC	NT

种类	居留型	区系从属	分布型	数量级	保护级别	IUCN红色名录等级	备注
51. 白尾鹞 Circus cyaneus	S	古北种	全北型	+ + +	II	LC	NT
52. 雀鹰 Accipiter nisus	R	古北种	古北型	+ +	II	LC	
53. 苍鹰 Accipiter gentilis	P	古北种	全北型	+ +	II	LC	NT
54. 普通鵟 Buteo buteo	P	古北种	古北型	+ + +	II	LC	
55. 大鵟 Buteo hemilasius	P	古北种	中亚型（中亚温带干旱区分布）	+ + +	II	LC	VU
56. 毛脚鵟 Buteo lagopus	P	古北种	全北型	+ +	II	LC	NT
57. 乌雕 Aquila clanga	P	古北种	古北型	+	I	VU	EN （II升I）
58. 草原雕 Aquila nipalensis	P	古北种	中亚型（中亚温带干旱区分布）	+ +	I	EN	VU （II升I）
59. 金雕 Aquila chrysaetos	P	古北种	全北型	+	I	LC	VU
十、隼科 Falconidae							
60. 红隼 Falco tinnunculus	R	广布种	不易归类的分布	+ + +	II	LC	
61. 红脚隼 Falco amurensis	P	古北种	古北型	+ + +	II	LC	NT
62. 灰背隼 Falco columbarius	P	古北种	全北型	+	II	LC	NT
63. 燕隼 Falco subbuteo	P	广布种	古北型	+ +	II	LC	
64. 猎隼 Falco cherrug	P	古北种	全北型	+	I	EN	（II升I）
65. 游隼 Falco peregrinus	P	广布种	全北型	+	II	LC	NT

种类	居留型	区系从属	分布型	数量级	保护级别	IUCN红色名录等级	备注
VI. 鸡形目 GALLIFORMES							
十一、雉科 Phasianidae							
66. 斑翅山鹑 Perdix dauurica	R	古北种	中亚型（中亚温带干旱区分布）	+ + + +	√	LC	
67. 环颈雉 Phasianus colchicus	R	广布种	不易归类的分布	+ + + +	√	LC	
VII. 鹤形目 GRUIFORMES							
十二、鹤科 Gruidae							
68. 蓑羽鹤 Anthropoides virgo	P	古北种	中亚型（中亚温带干旱区分布）	+ +	II	LC	
69. 灰鹤 Grus grus	P	古北种	古北型	+ + +	II	LC	NT
十三、秧鸡科 Rallidae							
70. 普通秧鸡 Rallus aquaticus	S	古北种	古北型	+ +	√	LC	
71. 小田鸡 Porzana pusilla	S	广布种	不易归类的分布	+	√	LC	
72. 黑水鸡 Gallinula chloropus	S	广布种	不易归类的分布	+ + + +	√	LC	
73. 白骨顶 Fulica atra	S	广布种	不易归类的分布	+ + + +	√	LC	
十四、鸨科 Otididae							
74. 大鸨 Otis tarda	P	古北种	不易归类的分布	+	I	VU	EN
VIII. 鸻形目 CHARADRIIFORMES							
十五、彩鹬科 Rostratulidae							
75. 彩鹬 Rostratula benghalensis	S	古北种	东洋型（包括少数旧热带型或环球热带—温带）	+	√	LC	
十六、反嘴鹬科 Recurvirostridae							
76. 黑翅长脚鹬 Himantopus himantopus	S	广布种	不易归类的分布	+ + + +	√	LC	

191

种类	居留型	区系从属	分布型	数量级	保护级别	IUCN红色名录等级	备注
77. 反嘴鹬 Recurvirostra avosetta	S	古北种	不易归类的分布	+ + + +	√	LC	
十七、燕鸻科 Glareolidae							
78. 普通燕鸻 Glareola maldivarum	P	广布种	东洋型（包括少数旧热带型或环球热带—温带）	+ +	√	LC	
十八、鸻科 Charadriidae							
79. 凤头麦鸡 Vanellus vanellus	S	古北种	古北型	+ + + +	√	NT	LC
80. 灰头麦鸡 Vanellus cinereus	S	古北种	东北型（我国东北地区或再包括附近地区）	+ + + +	√	LC	
81. 金鸻 Pluvialis fulva	P	古北种	全北型	+ + +	√	LC	
82. 灰鸻 Pluvialis squatarola	P	古北种	全北型	+ +	√	LC	
83. 金眶鸻 Charadrius dubius	S	广布种	不易归类的分布	+ + + +	√	LC	
84. 环颈鸻 Charadrius alexandrinus	S	广布种	不易归类的分布	+ + + +	√	LC	
85. 铁嘴沙鸻 Cha-radrius leschenaultii	P	古北种	中亚型（中亚温带干旱区分布）	+ +	√	LC	
86. 东方鸻 Charadrius veredus	P	古北种	古北型	+ +	√	LC	
十九、鹬科 Scolopacidae							
87. 丘鹬 Scolopax rusticola	P	古北种	古北型	+ + +	√	LC	
88. 姬鹬 Lymnocryptes minimus	P	广布种	古北型	+	√	LC	
89. 孤沙锥 Gallinago solitaria	P	古北种	古北型	+	√	LC	
90. 针尾沙锥 Gallinago stenura	P	古北种	古北型	+ + +	√	LC	

种类	居留型	区系从属	分布型	数量级	保护级别	IUCN红色名录等级	备注
91. 大沙锥 Gallinago megala	P	古北种	古北型	+ +	√	LC	
92. 扇尾沙锥 Gallinago gallinago	P	古北种	古北型	+ + +	√	LC	
93. 黑尾塍鹬 Limosa limosa	P	古北种	古北型	+ + +	√	NT	LC
94. 斑尾塍鹬 Limosa lapponica	P	广布种	古北型	+	√	NT	
95. 小杓鹬 Numenius minutus	P	古北种	东北型（我国东北地区或再包括附近地区）	+	Ⅱ	LC	NT
96. 中杓鹬 Numenius phaeopus	P	古北种	古北型	+ + +	√	LC	
97. 白腰杓鹬 Numenius arquata	P	广布种	古北型	+ + +	Ⅱ	NT	
98. 大杓鹬 Numenius madagascariensis	P	广布种	东北型（我国东北地区或再包括附近地区）	+	Ⅱ	EN	VU
99. 鹤鹬 Tringa erythropus	P	古北种	古北型	+ + +	√	LC	
100. 红脚鹬 Tringa totanus	S	古北种	古北型	+ + +	√	LC	
101. 泽鹬 Tringa stagnatilis	P	古北种	古北型	+ + +	√	LC	
102. 青脚鹬 Tringa nebularia	P	古北种	古北型	+ + +	√	LC	
103. 小青脚鹬 Tringa guttifer	V	古北种	东北型（我国东北地区或再包括附近地区）	+	Ⅰ	EN	(Ⅱ升Ⅰ)
104. 白腰草鹬 Tringa ochropus	P	广布种	古北型	+ + +	√	LC	
105. 林鹬 Tringa glareola	S	古北种	古北型	+ + +	√	LC	

种类	居留型	区系从属	分布型	数量级	保护级别	IUCN红色名录等级	备注
106. 翘嘴鹬 Xenus cinereus	P	古北种	古北型	+ +	√	LC	
107. 矶鹬 Actitis hypoleucos	S	古北种	全北型	+ + +	√	LC	
108. 翻石鹬 Arenaria interpres	P	古北种	全北型	+ +	Ⅱ	LC	
109. 红腹滨鹬 Calidris canutus	P	古北种	全北型	+	√	NT	VU
110. 红颈滨鹬 Calidris ruficollis	P	广布种	东北型（我国东北地区或再包括附近地区）	+ +	√	NT	LC
111. 青脚滨鹬 Calidris temminckii	P	古北种	古北型	+ + +	√	LC	
112. 长趾滨鹬 Calidris subminuta	P	古北种	东北型（我国东北地区或再包括附近地区）	+ + +	√	LC	
113. 弯嘴滨鹬 Calidris ferruginea	P	古北种	古北型	+ + +	√	NT	LC
114. 阔嘴鹬 Limicola falcinellus	P	广布种	全北型	+ +	Ⅱ	LC	
115. 流苏鹬 Philomachus pugnax	P	东洋种	古北型	+ +	√	LC	
二十、鸥科 Laridae							
116. 银鸥 Larus argentatus	P	古北种	全北型	+ + +	√	LC	
117. 渔鸥 Larus ichthyaetus	P	古北种	中亚型（中亚温带干旱区分布）	+ + +	√	LC	
118. 棕头鸥 Larus brunnicephalus	P	古北种	高地型（以青藏高原为中心可包括其外围山地）	+ + +	√	LC	
119. 红嘴鸥 Larus ridibundus	P	古北种	古北型	+ + +	√	LC	
120. 遗鸥 Larus relictus	P	古北种	中亚型（中亚温带干旱区分布）	+ + +	Ⅰ	VU	EN

种类	居留型	区系从属	分布型	数量级别	保护级别	IUCN红色名录等级	备注
二十一、燕鸥科 Sternidae							
121. 鸥嘴噪鸥 Gelochelidon nilotica	P	广布种	不易归类的分布	+ +	√	LC	
122. 红嘴巨燕鸥 Hydroprogne caspia	P	广布种	不易归类的分布	+ + +	√	LC	
123. 普通燕鸥 Sterna hirundo	S	古北种	全北型	+ + + +	√	LC	
124. 白额燕鸥 Sterna albifrons	S	广布种	不易归类的分布	+ + + +	√	LC	
125. 灰翅浮鸥 Chlidonias hybrida	S	广布种	古北型	+ + + +	√	LC	
126. 白翅浮鸥 Chlidonias leucopterus	S	古北种	古北型	+ + + +	√	LC	
IX．沙鸡目 PTEROCLIFORMES							
二十二、沙鸡科 Pteroclidae							
127. 毛腿沙鸡 Syrrhaptes paradoxus	P	古北种	中亚型（中亚温带干旱区分布）	+ +	√	LC	
X．鸽形目 COLUMBIFORMES							
二十三、鸠鸽科 Columbidae							
128. 山斑鸠 Streptopelia orientalis	P	广布种	季风区型（东部湿润地区为主）	+ +	√	LC	
129. 灰斑鸠 Streptopelia decaocto	R	古北种	东洋型（包括少数旧热带型或环球热带—温带）	+ + + +	√	LC	
130. 珠颈斑鸠 Streptopelia chinensis	R	广布种	东洋型（包括少数旧热带型或环球热带—温带）	+ + +	√	LC	
XI．鹃形目 CUCULIFORMES							
二十四、杜鹃科 Cuculidae							
131. 四声杜鹃 Cuculus micropterus	P	广布种	东洋型（包括少数旧热带型或环球热带—温带）	+ +	√	LC	
132. 大杜鹃 Cuculus canorus	S	广布种	不易归类的分布	+ + +	√	LC	

种类	居留型	区系从属	分布型	数量级	保护级别	IUCN红色名录等级	备注
XⅡ. 鸮形目 STRIGIFORMES							
二十五、鸱鸮科 Strigidae							
133. 雕鸮 Bubo bubo	R	广布种	古北型	+ +	Ⅱ	LC	NT
134. 纵纹腹小鸮 Athene noctua	R	古北种	古北型	+ + +	Ⅱ	LC	
135. 长耳鸮 Asio otus	W	古北种	全北型	+ + +	Ⅱ	LC	
136. 短耳鸮 Asio flammeus	S	广布种	全北型	+ +	Ⅱ	LC	NT
XⅢ. 雨燕目 APODIFORMES							
二十六、雨燕科 Apodidae							
137. 普通雨燕 Apus apus	P	古北种	不易归类的分布	+ + +	√	LC	
XⅣ. 佛法僧目 CORACIIFORMES							
二十七、翠鸟科 Alcedinidae							
138. 普通翠鸟 Alcedo atthis	S	广布种	不易归类的分布	+ + +	√	LC	
XⅤ. 戴胜目 UPUPIFORMES							
二十八、戴胜科 Upupidae							
139. 戴胜 Upupa epops	S	广布种	不易归类的分布	+ + +	√	LC	
XⅥ. 鴷形目 PICIFORMES							
二十九、啄木鸟科 Picidae							
140. 蚁鴷 Jynx torquilla	P	古北种	古北型	+ +	√	LC	
141. 大斑啄木鸟 Dendrocopos major	S	古北种	古北型	+ + +	√	LC	
142. 灰头绿啄木鸟 Picus canus	S	广布种	古北型	+ + +	√	LC	

种类	居留型	区系从属	分布型	数量级	保护级别	IUCN红色名录等级	备注
ⅩⅦ. 雀形目 PASSERIFORMES							
三十、百灵科 Alaudidae							
143. 蒙古百灵 Melanocorypha mongolica	P	古北种	中亚型（中亚温带干旱区分布）	+ + +	Ⅱ	LC	VU升
144. 大短趾百灵 Calandrella brachydactyla	P	古北种	古北型	+ + +		LC	
145. 短趾百灵 Calandrella cheleensis	R	古北种	中亚型（中亚温带干旱区分布）	+ + +		LC	
146. 凤头百灵 Galerida cristata	R	古北种	不易归类的分布	+ + + +		LC	
147. 云雀 Alauda arvensis	P	古北种	古北型	+ +	Ⅱ	LC	升
148. 角百灵 Eremophila alpestris	P	古北种	全北型	+ + +	√	LC	
三十一、燕科 Hirundinidae							
149. 崖沙燕 Riparia riparia	S	广布种	全北型	+ + + +	√	LC	
150. 家燕 Hirundo rustica	S	广布种	全北型	+ + + +	√	LC	
三十二、鹡鸰科 Motacillidae							
151. 白鹡鸰 Motacilla alba	S	广布种	古北型	+ + +	√	LC	
152. 黄头鹡鸰 Motacilla citreola	S	古北种	古北型	+ + +	√	LC	
153. 黄鹡鸰 Motacilla flava	S	古北种	古北型	+ + +	√	–	LC
154. 灰鹡鸰 Motacilla cinerea	P	古北种	不易归类的分布	+ +	√	LC	LC
155. 田鹨 Anthus richardi	P	古北种	东北型（我国东北地区或再包括附近地区）	+ +	√	LC	

种类	居留型	区系从属	分布型	数量级	保护级别	IUCN红色名录等级	备注
156. 布氏鹨 Anthus godlewskii	S	古北种	中亚型（中亚温带干旱区分布）	+ + +	√	LC	
157. 树鹨 Anthus hodgsoni	P	古北种	东北型（东部为主）	+ +	√	LC	
158. 水鹨 Anthus spinoletta	P	古北种	全北型	+ + +	√	LC	
三十三、鹎科 Pycnonotidae							
159. 白头鹎 Pycnonotus sinensis	V	东洋种	南中国型	+	√	LC	
三十四、太平鸟科 Bombycillidae							
160. 太平鸟 Bombycilla garrulus	W	古北种	全北型	+ + +	√	LC	
161. 小太平鸟 Bombycilla japonica	W	古北种	东北型（我国东北地区或再包括附近地区）	+ +	√	NT	LC
三十五、伯劳科 Laniidae							
162. 荒漠伯劳 Lanius isabellinus	S	古北种	中亚型（中亚温带干旱区分布）	+ +	√	LC	
163. 红尾伯劳 Lanius cristatus	S	古北种	东北—华北型	+ + +	√	LC	
164. 楔尾伯劳 Lanius sphenocercus	R	古北种	东北型（我国东北地区或再包括附近地区）	+ + +	√	LC	
三十六、卷尾科 Dicruridae							
165. 黑卷尾 Dicrurus macrocercus	V	广布种	东洋型（包括少数旧热带型或环球热带—温带）	+	√	LC	
三十七、椋鸟科 Sturnidae							
166. 八哥 Acridotheres cristatellus	R	东洋种	东洋型（包括少数旧热带型或环球热带—温带）	+ +	√	LC	
167. 北椋鸟 Sturnia sturnina	P	古北种	东北—华北型	+ +	√	LC	
168. 灰椋鸟 Sturnus cineraceus	S	古北种	东北—华北型	+ + +	√	LC	

种类	居留型	区系从属	分布型	数量级	保护级别	IUCN红色名录等级	备注
169. 紫翅椋鸟 Sturnus vulgaris	P	古北种	不易归类的分布	+ + +	√	LC	
三十八、鸦科 Corvidae							
170. 喜鹊 Pica pica	R	广布种	全北型	+ + + +	√	LC	
171. 红嘴山鸦 Pyrrhocorax pyrrhocorax	P	古北种	不易归类的分布	+ +		LC	
172. 达乌里寒鸦 Corvus dauuricus	R	古北种	古北型	+ + +	√	LC	
173. 秃鼻乌鸦 Corvus frugilegus	P	古北种	古北型	+ + +	√	LC	
174. 小嘴乌鸦 Corvus corone	P	广布种	全北型	+ + +		LC	
175. 大嘴乌鸦 Corvus macrorhynchos	P	广布种	季风区型（东部湿润地区为主）	+ + +		LC	
三十九、岩鹨科 Prunellidae							
176. 棕眉山岩鹨 Prunella montanella	W	古北种	东北型（我国东北地区或再包括附近地区）	+ + +	√	LC	
177. 褐岩鹨 Prunella fulvescens	W	古北种	高地型（以青藏高原为中心可包括其外围山地）	+ +		LC	
四十、鸫科 Turdidae							
178. 红喉歌鸲 Luscinia calliope	P	古北种	古北型	+ +	Ⅱ	LC	升
179. 蓝喉歌鸲 Luscinia svecica	P	古北种	古北型	+ +	Ⅱ	LC	升
180. 蓝歌鸲 Luscinia cyane	P	古北种	东北型（我国东北地区或再包括附近地区）	+ +	√	LC	
181. 红胁蓝尾鸲 Tarsiger cyanurus	P	古北种	东北型（我国东北地区或再包括附近地区）	+ +	√	LC	
182. 赭红尾鸲 Phoenicurus ochruros	P	古北种	不易归类的分布	+		LC	

种类	居留型	区系从属	分布型	数量级	保护级别	IUCN红色名录等级	备注
183. 北红尾鸲 Phoenicurus auroreus	P	古北种	东北型（我国东北地区或再包括附近地区）	+ + +	√	LC	
184. 红腹红尾鸲 Phoenicurus erythrogastrus	P	古北种	中亚型（中亚温带干旱区分布）	+		LC	
185. 黑喉石（即鸟） Saxicola torquata	P	广布种	不易归类的分布	+ + +	√	–	LC
186. 白顶（即鸟） Oenanthe pleschanka	S	古北种	中亚型（中亚温带干旱区分布）	+ +		LC	
187. 虎斑地鸫 Zoothera dauma	P	广布种	古北型	+ +	√	LC	
188. 赤颈鸫 Turdus ruficollis	W	古北种	不易归类的分布	+ + +	√	LC	
189. 黑喉鸫 Turdus atrogularis	W	古北种	不易归类的分布	+ +	√	–	LC
190. 红尾鸫 Turdus naumanni	P	古北种	东北型（我国东北地区或再包括附近地区）	+ + +	√	LC	
191. 斑鸫 Turdus eunomus	P	古北种	东北型（我国东北地区或再包括附近地区）	+ + +	√	–	LC
四十一、鹟科 Muscicapidae							
192. 乌鹟 Muscicapa sibirica	P	古北种	东北型（我国东北地区或再包括附近地区）	+ + +	√	LC	
193. 北灰鹟 Muscicapa dauurica	P	古北种	东北型（我国东北地区或再包括附近地区）	+ +	√	LC	
194. 红喉姬鹟 Ficedula albicilla	P	古北种	古北型	+ + +	√	LC	
四十二、画眉科 Timaliidae							
195. 山噪鹛 Garrulax davidi	R	古北种	华北型	+	√	LC	

种类	居留型	区系从属	分布型	数量级	保护级别	IUCN红色名录等级	备注
四十三、鸦雀科 Paradoxornithidae							
196. 文须雀 Panurus biarmicus	R	古北种	不易归类的分布	+ + + +		LC	
四十四、扇尾莺科 Cisticolidae							
197. 山鹛 Rhopophilus pekinensis	R	古北种	中亚型（中亚温带干旱区分布）	+ + +	√	LC	
四十五、莺科 Sylviidae							
198. 东方大苇莺 Acrocephalus orientalis	S	广布种	不易归类的分布	+ + + +	√	–	LC
199. 厚嘴苇莺 Acrocephalus aedon	S	古北种	东北型（东部为主）	+		LC	
200. 褐柳莺 Phylloscopus fuscatus	P	古北种	东北型（我国东北地区或再包括附近地区）	+ + +	√	LC	
201. 黄腰柳莺 Phylloscopus proregulus	P	古北种	古北型	+ + +	√	LC	
202. 黄眉柳莺 Phylloscopus inornatus	P	古北种	古北型	+ +	√	LC	
203. 极北柳莺 Phylloscopus borealis	P	古北种	古北型	+ + +	√	LC	
204. 白喉林莺 Sylvia curruca	P	古北种	不易归类的分布	+ +		LC	
四十六、长尾山雀科 Aegithalidae							
205. 银喉长尾山雀 Aegithalos caudatus	R	古北种	古北型	+ +	√	–	LC
四十七、山雀科 Paridae							
206. 褐头山雀 Parus songarus	R	古北种	全北型	+ +	√	LC	
207. 大山雀 Parus major	R	广布种	不易归类的分布	+ +	√	LC	

续表

种类	居留型	区系从属	分布型	数量级	保护级别	IUCN红色名录等级	备注
四十八、鸭科 Sittidae							
208. 普通鸭 Sitta europaea	P	古北种	古北型	+		LC	
209. 黑头鸭 Sitta villosa	P	古北种	全北型	+ +		LC	NT
四十九、雀科 Passeridae							
210. 麻雀 Passer montanus	R	广布种	古北型	+ + + +	√	LC	
211. 石雀 Petronia petronia	R	古北种	不易归类的分布	+ +		LC	
212. 黑喉雪雀 Pyrgilauda davidiana	R	古北种	高地型（以青藏高原为中心可包括其外围山地）	+		LC	
五十、燕雀科 Fringillidae							
213. 苍头燕雀 Fringilla coelebs	P	东洋种	不易归类的分布	+		LC	
214. 燕雀 Fringilla montifringilla	P	古北种	古北型	+ + +	√	LC	
215. 普通朱雀 Car-podacus erythrinus	P	广布种	古北型	+ + +	√	LC	
216. 红眉朱雀 Car-podacus pulcherrimus	R	古北种	喜马拉雅—横断山区型	+ +	√	–	LC
217. 白腰朱顶雀 Carduelis flammea	W	古北种	全北型	+ + +	√	. LC	
218. 黄雀 Carduelis spinus	P	古北种	古北型	+ + +	√	LC	
219. 金翅雀 Carduelis sinica	R	广布种	东北型（我国东北地区或再包括附近地区）	+ + +	√	LC	
220. 红腹灰雀 Pyrrhula pyrrhula	W	古北种	古北型	+	√	LC	

种类	居留型	区系从属	分布型	数量级	保护级别	IUCN红色名录等级	备注
221. 锡嘴雀 Coccothraustes cocco-thraustes	P	广布种	古北型	+ + +	√	LC	
222. 黑尾蜡嘴雀 Eophona migratoria	S	古北种	东北型（东部为主）	+ +	√	LC	
223. 黑头蜡嘴雀 Eophona personata	P	古北种	东北型（东部为主）	+	√	LC	NT
224. 蒙古沙雀 Rhodopechys mongoli-cus	R	古北种	中亚型（中亚温带干旱区分布）	+ +		LC	
225. 巨嘴沙雀 Rhodospiza obsoleta	R	古北种	中亚型（中亚温带十旱区分布）	+ + +		LC	DD
226. 长尾雀 Uragus sibiricus	W	古北种	东北型（我国东北地区或再包括附近地区）	+	√	LC	
五十一、鹀科 Emberizidae							
227. 灰眉岩鹀 Emberiza godlewskii	W	古北种	不易归类的分布	+ +	√	LC	
228. 三道眉草鹀 Emberiza cioides	W	古北种	东北型（我国东北地区或再包括附近地区）	+ + +	√	LC	
229. 小鹀 Emberiza pusilla	W	古北种	古北型	+ + +	√	LC	
230. 苇鹀 Emberiza pallasi	W	古北种	东北型（我国东北地区或再包括附近地区）	+ + +	√	LC	
231. 芦鹀 Emberiza schoeniclus	W	古北种	古北型	+ +	√	LC	
232. 铁爪鹀 Calcarius lapponicus	W	古北种	全北型	+ +	√	LC	NT

注：1. 居留型：R 代表留鸟，S 代表夏候鸟，P 代表旅鸟，W 代表冬候鸟，V 代表迷鸟；＋＋＋＋ 代表优势种，＋＋＋ 代表常见种，＋＋ 代表少见种，＋ 代表偶见种。

2. 保护级别：Ⅰ代表国家一级保护鸟类，Ⅱ代表国家二级保护鸟类；√代表《国家保护的有益的或者有重要经济、科学研究价值的陆生野生动物名录》中的"三有"保护鸟类。

3. IUCN 红色名录等级：EX. 灭绝，EW. 野外灭绝，CR. 极危，EN. 濒危，VU. 易危，NT. 近危，LC. 低度关注，DD. 资料缺乏，NE. 未评估。

4. 本书分类系统按郑光美（2016）《中国鸟类分类与分布名录》（第二版）。

附录四：包头市南海子湿地自然保护区条例（2019 年修正）

发布部门：包头市人大（含常委会）

发文字号：包头市第十五届人民代表大会常务委员会公告第 10 号

批准部门：内蒙古自治区人大（含常委会）

批准日期：2019 年 11 月 28 日

发布日期：2019 年 12 月 27 日

实施日期：2019 年 12 月 27 日

时效性：现行有效

效力级别：设区的市地方性法规

法规类别：自然保护

包头市南海子湿地自然保护区条例

（2007 年 11 月 22 日包头市第十二届人民代表大会常务委员会第三十二次会议通过 2008 年 4 月 3 日内蒙古自治区第十一届人民代表大会常务委员会第一次会议批准根据 2019 年 11 月 28 日内蒙古自治区第十三届人民代表大会常务委员会第十六次会议关于批准《包头市人民代表大会常务委员会关于修改〈包头市南海子湿地自然保护区条例〉的决议》修正）

第一条 为了保护南海子湿地自然保护区，维护湿地生态功能和生物多样性，实现人与自然的和谐共处，根据《中华人民共和国自然保护区条例》和《内蒙古自治区湿地保护条例》等有关法律、法规，结合实际，制定本条例。

第二条　南海子湿地自然保护区（以下简称湿地保护区）是以保护珍稀鸟类及其赖以生存的黄河滩涂湿地生态系统为主的综合性自然保护区。总面积为 1664 公顷。四至界限东至东河槽东岸堤坝；南临黄河北岸；西至二道沙河；北沿南绕城公路—南海湖西岸堤坝—南海湖北岸堤坝—南海湖东岸堤坝—东河槽东岸堤坝。其中核心区面积 781 公顷；缓冲区面积 255 公顷；实验区面积 628 公顷。

第三条　在湿地保护区域内的一切活动，应当遵守本条例。

上位法已经作出规定的，从其规定。

第四条　湿地保护应当坚持全面保护、生态优先、永续利用的原则。

第五条　市人民政府、湿地保护区所在地人民政府应当加强对湿地保护区工作的领导，将湿地保护规划纳入国民经济和社会发展计划，将湿地保护的资金列入财政预算。

第六条　市人民政府林业和草原行政主管部门负责湿地保护的组织和协调工作。其主要职责是组织协调有关部门和南海子湿地保护区管理机构依法履行对湿地保护与管理的职责，组织查处破坏、侵占湿地的违法行为，监督湿地保护有关法律法规的贯彻执行。

南海子湿地保护区管理机构负责湿地保护区的日常管理工作，其主要职责是：

（一）贯彻执行有关湿地保护的法律、法规和方针政策；

（二）组织对湿地保护区保护规划的实施；

（三）制定湿地保护区的保护管理制度并组织实施；

（四）调查湿地保护区的自然资源，组织实施环境监测，建立并及时更新湿地资源信息档案；

（五）做好湿地保护区内的防灾害、防污染的预察防范工作，制定保护工作的应急预案；

（六）负责湿地保护区界标的设置和管理；

（七）在不影响保护自然环境和自然资源的前提下，在湿地保护区实验区内组织开展参观、游览和其他活动；

（八）建立湿地科普教育基地，开展湿地保护宣传教育，普及湿地保护知识；

（九）依法保护湿地保护区内自然景观、水体、林草、野生动物、生态环境、公共设施，维护管理秩序，查处纠正违法行为。

市人民政府生态环境、自然资源、住房和城乡建设、发展和改革、公安、农牧、水务、文化旅游广电等有关行政管理部门应当在各自职责范围内，做好湿地的保护管理工作。

第七条 市人民政府及其湿地保护区所在地人民政府应当鼓励支持单位或者个人采取多种出资形式保护湿地。

第八条 任何单位和个人都有保护湿地生态环境和湿地资源的义务，并有权对损害湿地生态环境和湿地资源的行为进行检举和控告。

第九条 湿地保护区保护规划修编由市人民政府林业和草原行政主管部门会同同级生态环境、自然资源、住房和城乡建设、发展和改革、公安、农牧、水务、文化旅游广电等相关部门和湿地所在地人民政府依据自治区人民政府湿地保护规划修编。修编保护规划应当进行环境影响评价，明确功能分区定位，根据湿地保护区功能特点、水资源、动植物资源状况及现有规模、布局，确定保护措施。

修编湿地保护区保护规划应当通过论证会、听证会等形式，广泛征求有关单位、专家和公众意见，经市人民政府批准后报自治区人民政府备案，并向社会公布后实施。

第十条 湿地保护区划分为核心区、缓冲区和实验区，并设立界标，实行分区管理。

核心区禁止任何单位和个人擅自进入。确因科学研究需要进入核心区的，应当向南海子湿地保护区管理机构提出申请，经自治区湿地保护行政主管部门批准后方可进入。

缓冲区禁止开展旅游和生产经营活动。从事科学研究观测、调查活动，需经南海子湿地保护区管理机构批准后方可进入。

实验区可以从事科学实验、教学实习、参观考察、旅游等活动。从事上述活动应当按照规定的范围和路线进行。

第十一条 核心区和缓冲区内禁止建设任何生产设施。原有的建

（构）筑物和生产经营设施应当依法予以拆除，已开垦的土地应当恢复其原状。

实验区内禁止建设污染环境、破坏资源或者景观的生产、娱乐设施。旅游景点项目的设置及服务设施的建设必须按照有利于湿地保护的原则进行，并体现地方特色和民族风格，与自然景观相协调。

第十二条　湿地资源实行有偿使用，收益用于湿地资源保护、基础设施维护和日常管理。

第十三条　在实验区内举办大型活动，必须制定与湿地保护区景观相适应、资源和环境不受损害的方案，报湿地保护区行政主管部门批准后按照方案进行。湿地保护区管理机构应当严格管理。

第十四条　进入湿地保护区内的单位和人员，必须严格遵守湿地保护区的各项管理制度，自觉保护自然资源、景观、设施和维护环境卫生，服从南海子湿地保护区管理机构的管理。

第十五条　南海子湿地保护区管理机构不得擅自引入建设和游乐项目。

湿地保护区应服从防洪、防汛的统一调度安排，不得进行有碍防洪安全的开发建设。

第十六条　禁止向湿地保护区排放污废水，倾倒有毒有害物质、废弃物及垃圾。水上船只活动、游泳要划定范围，机动船尾气排放要符合国家标准。

对因水资源缺乏导致功能退化的湿地，南海子湿地保护区管理机构应当协调有关部门采取措施，通过恢复自然水系或者人工调水等措施及时补水，维护湿地生态功能。

除抢险、救灾、正常排水及湖水循环净化外，不得从湿地保护区内取水或者拦截湿地水源，不得截断湿地水系与外围水系的联系。对已建成的阻挡水系的道路设施要通过改造还原自然水系。

第十七条　在湿地保护区内从事割芦苇等刈草活动，应当按照南海子湿地保护区管理机构规定的时限、范围及数量进行。

禁止在湿地保护区内进行放牧、砍伐、耕种、开垦、烧荒、取土、取水、挖沙、挖塘、采砂、采石、开矿、采药、捕捞、放生、捡拾鸟卵、狩猎、引进外来物种、破坏野生动物栖息地和迁徙通道等破坏湿地及其生态功能的活动。

第十八条　禁止任何单位和个人破坏、侵占、买卖或者以其他形式非法转让湿地保护区内的土地，不得以开（围）垦、填埋、排干等方式改变湿地用途。

第十九条　任何单位和个人不得擅自移动和破坏湿地保护区的界碑、标牌。

第二十条　在湿地保护区外围建设的项目不得损害湿地保护区自然景观和环境质量。

第二十一条　违反本条例规定，有下列行为之一的单位和个人，由南海子湿地保护区管理机构责令其改正，并可以根据不同情节处以100元以上5000元以下的罚款：

（一）未经批准擅自进入湿地保护区核心区的；

（二）未按规定的路线、范围在湿地保护区实验区参观、游览，并不服从管理机构管理的；

（三）擅自移动、破坏湿地保护区界碑、标牌的。

第二十二条　违反本条例规定，在湿地自然保护区放牧、狩猎、捕捞、采药、烧荒的，除可以依照有关法律、行政法规规定给予处罚的以外，由南海子湿地保护区管理机构没收违法所得，责令停止违法行为，限期恢复原状或者采取其他补救措施；对自然保护区造成破坏的，可以处以300元以上1万元以下的罚款。

第二十三条　违反本条例规定，在湿地保护区内挖沙、采砂、采石、开矿、挖塘、砍伐和开垦的，由市、区人民政府相关主管部门责令停止违法行为，限期恢复原状或者采取其他补救措施，可以处以5000元以上5万元以下罚款；造成湿地难以恢复等严重后果的，处5万元以上50万元以下罚款。

第二十四条　违反本条例规定，有下列行为之一的单位和个人，由市、区人民政府有关行政主管部门或者其授权的南海子湿地保护区管理机构责令其改正，并可以根据不同情节处以 5000 元以上 1 万元以下的罚款：

（一）在湿地保护区核心区、缓冲区内擅自建设建（构）筑物的；

（二）在湿地保护区实验区内建设污染环境、破坏资源或者景观的生产、游乐设施的；

（三）擅自从湿地保护区取水或者拦截湿地水源的；

（四）在湿地保护区外围地带建设损害环境质量项目的。

违反本条例规定，向湿地保护区内排放污废水、倾倒有毒有害物质、废弃物及垃圾的单位和个人，由市、区人民政府有关行政主管部门或者其授权的南海子湿地保护区管理机构责令停止违法行为，限期改正，消除污染，并处 2 万元以上 20 万元以下罚款。

第二十五条 违反本条例第十五条规定，南海子湿地保护区管理机构擅自引入建设和游乐项目的，由湿地保护区行政主管部门予以撤销，督促其改正，并追究相关责任人的行政责任。

第二十六条 违反本条例第十八条规定，破坏、侵占、买卖、以其他形式非法转让湿地保护区内土地或者改变湿地用途的，由市、区人民政府自然资源行政主管部门责令停止违法行为，限期恢复原状或者采取其他补救措施，可处非法占用或者改变用途湿地每平方米 100 元以上 200 元以下罚款；造成湿地难以恢复等严重后果的，处 5 万元以上 50 万元以下罚款。

第二十七条 违反本条例规定，造成湿地保护区重大污染或者破坏事故的，对相关责任人依法追究刑事责任。

第二十八条 湿地保护行政主管部门及其南海子湿地管理机构工作人员在湿地保护管理工作中玩忽职守、徇私舞弊、滥用职权的，湿地保护区行政主管部门或者其上级主管部门对直接负责的主管人员和其他直接责任人员给予行政处分；构成犯罪的，依法追究刑事责任。

第二十九条 本条例自 2008 年 6 月 1 日起施行。

附录五：包头市湿地保护条例
（2014 年修正）

发布部门：包头市人大（含常委会）

发文字号：包头市第十四届人民代表大会常务委员会公告第 7 号

批准部门：内蒙古自治区人大（含常委会）

批准日期：2014 年 7 月 31 日

发布日期：2014 年 8 月 18 日

实施日期：2014 年 8 月 18 日

时效性：现行有效

效力级别：设区的市地方性法规

法规类别：自然保护

目　录

包头市湿地保护条例

(2010 年 6 月 30 日包头市第十三届人民代表大会常务委员会第十八次会议通过，2010 年 9 月 17 日内蒙古自治区第十一届人民代表大会常务委员会第十七次会议批准，根据 2014 年 7 月 31 日内蒙古自治区第十二届人民代表大会常务委员会第十一次会议关于批准《包头市人民代表大会常务委员会关于修改部分地方性法规的决定》的决议修正)

第一章 总 则

第一条 为了加强湿地保护，维护湿地生态功能和生物多样性，促进湿地资源的可持续利用，改善人居环境，根据有关法律和《内蒙古自治区湿地保护条例》等法规，结合本市实际，制定本条例。

第二条 在本市行政区域内从事湿地保护、利用和管理活动，应当遵守本条例。

第三条 本条例所称湿地，是指在本市行政区域内，自治区、市人民政府根据国家有关规定确认并公布的河流、湖泊、沼泽化草甸、库塘等。

第四条 湿地保护工作遵循保护优先、科学规划、合理利用和可持续发展的原则。

第五条 市和旗县区人民政府应当建立健全湿地保护与利用管理机制。

市和旗县区人民政府林业主管部门负责本区域内的湿地保护组织协调工作，可以委托其设立的湿地保护管理机构负责具体的日常管理工作。

发展和改革、规划、国土资源、城乡建设、水务、农牧业、环保等部门按照各自的职责，依法做好湿地保护工作。

包头稀土高新技术产业开发区管理机构根据市人民政府规定，负责其区域的湿地保护工作。

第六条 市和旗县区人民政府应当保障用于湿地保护的资金投入，将湿地保护资金列入同级财政预算。

第七条 市和旗县区人民政府应当加强湿地保护的宣传教育工作。鼓励单位和个人开展湿地保护研究，推广应用湿地保护的先进技术。

第八条 任何单位和个人都有保护湿地的义务，对破坏或者侵占湿地的行为有检举、控告的权利。

<h2 align="center">第二章 湿地保护规划</h2>

第九条 市林业主管部门应当会同市发展和改革、规划、国土资源、城乡建设、水务、农牧业、环保等部门，依据自治区湿地保护规划，编制全市湿地保护规划，由市人民政府批准并报自治区人民政府备案后组织实施。

旗县区人民政府林业主管部门应当会同有关部门，依据市湿地保护规划，编制本区域湿地保护规划，由旗县区人民政府批准并报市人民政府备案后组织实施。

第十条 湿地保护规划根据湿地分布、保护范围、类型、生态功能和水资源、野生动植物资源、土地利用状况等实际，科学合理编制。

编制湿地保护规划应当与城乡规划、土地利用规划、环境保护规划、防洪规划、水资源综合规划、水功能区划、绿地系统规划等相衔接。

第十一条 编制湿地保护规划应当根据恢复湿地生态功能、保护野生动植物资源的实际，在兼顾经济建设和居民生产、生活需要的基础上，在湿地保护范围内划分为禁止开发建设区和限制开发建设区。

第十二条 编制湿地保护规划，应当在报批前通过论证会、听证会等形式，广泛征求有关单位、专家和公众的意见。

经批准的规划，应当向社会公布。

第十三条 修改湿地保护规划，应当按照规划编制程序履行相关手续。

<h2 align="center">第三章 湿地保护</h2>

第十四条 旗县区人民政府应当在市林业主管部门的指导下，在湿地保护范围陆域边界设立明显的界标。任何单位和个人不得破坏和移动界标。

第十五条 市林业主管部门负责组织全市湿地资源日常调查和定期普查工作；定期普查工作每五年进行一次，并将普查结果予以公布。

市和旗县区人民政府林业、环保、农牧业、水务等主管部门应当对湿地的利用和生态状况进行动态监测，并根据监测结果采取保护措施，防止过度利用湿地造成的生态功能退化。

市和旗县区人民政府林业主管部门应当在湿地资源调查、动态监测的基础上，建立并及时更新湿地资源信息档案，实现信息资源共享。

第十六条　市和旗县区人民政府应当对需要补水的湿地，建立湿地补水机制，根据保护湿地功能需要，利用各种条件，定期或者有计划地补水。

第十七条　市和旗县区人民政府应当对符合建立湿地自然保护区、湿地公园条件的，按照有关规定向国家和自治区申报。湿地自然保护区、湿地公园的建立和管理，按照有关法律、法规执行。

对不具备建立湿地自然保护区、湿地公园条件的湿地，经市人民政府批准可以建立湿地保护小区或者湿地多用途管理区。湿地保护小区、湿地多用途管理区的建立和管理办法，由市人民政府制定。

第十八条　在湿地保护规划确定的禁止开发建设区内，禁止从事与湿地保护、防洪、防汛无关的开发建设活动。逐步实施退耕退牧还水、还泽、还草等措施，恢复和改善湿地生态功能。市和旗县区人民政府应当有计划地搬迁现有企业、居民和与湿地保护无关的建设项目。

在湿地保护规划确定的限制开发建设区内，严格限制从事与湿地保护、防洪、防汛无关的开发建设活动，市和旗县区人民政府应当整合分散居民点，控制村庄总体规模。

第十九条　因湿地保护退耕、退牧、搬迁等使湿地资源所有者、使用者合法权益遭受损失的，旗县区人民政府应当依法给予补偿，对其生产、生活做出妥善安排。

第二十条　除抢险、救灾和居民生活用水外，在湿地取水或者拦截水源，不得影响湿地合理水位或者截断湿地水系与外围水系的联系。

第二十一条　任何单位和个人不得擅自占用湿地或者改变湿地状态、湿地用途。因公共建设项目确需占用或者临时占用的，公民、法人和其他组织利用湿地资源从事生产经营活动的，相关单位或者个人应当采取保护措施，并按照有关规定办理审批手续。

第二十二条　禁止在湿地保护范围内从事下列行为：

（一）违反环境保护法律、法规规定，向湿地排放污废水、倾倒固体废弃物或者其他有毒有害污染物的；

（二）开垦、采石、采砂、取土的；

（三）捡拾鸟卵以及其他破坏鸟类繁殖的；

（四）其他破坏湿地的行为。

前款第（二）项规定，因防洪、防汛、抢险采石、采砂、取土的除外。

第二十三条　向湿地引进外来物种的，应当按照国家有关规定办理审批手续，并按照有关技术规范进行试验。

市林业、农牧业主管部门应当对引进的外来物种进行动态监测，发现有害的，及时报告市人民政府和上级主管部门，并采取措施，消除危害。

第二十四条　林业主管部门应当设立举报箱、公布举报电话，及时受理、查处单位、个人对破坏、侵占湿地行为提出的检举和控告。

第四章　湿地利用

第二十五条　按照湿地保护规划利用湿地资源，应当维护湿地资源的可持续利用，不得改变湿地生态系统基本功能，不得超出湿地资源的再生能力或者损害野生动植物物种，不得破坏野生动物的栖息环境。

第二十六条　在湿地保护范围内从事割草、割芦苇、放牧、捕鱼、采药等活动的，应当在旗县区人民政府公布的时限和范围内进行。

第五章　法律责任

第二十七条　违反本条例规定，相关法律、法规对处罚已经有规定的，从其规定；依据相关法律法规已经作出处罚的，不再依据本条例进行处罚。

第二十八条　违反本条例第十四条规定，破坏、移动湿地保护界标的，由林业主管部门责令限期恢复原状，处以五百元以上二千元以下的罚款。

第二十九条　违反本条例第二十条规定，在湿地取水或者拦截湿地水源，影响湿地合理水位或者截断湿地水系与外围水系联系的，由林业主管部门责令限期恢复原状，处以五千元以上一万元以下的罚款。

第三十条 违反本条例第二十一条规定，擅自占用湿地或者改变湿地状态、湿地用途的，由林业主管部门责令限期改正，恢复原状，处以五千元以上二万元以下的罚款；构成犯罪的，依法追究刑事责任。

第三十一条 违反本条例第二十二条、第二十六条规定，在湿地保护范围内开垦，捡拾鸟卵破坏鸟类繁殖，非因防洪、防汛、抢险采石、采砂、取土，或者违反规定的时限和范围从事割草、割芦苇、放牧、捕鱼、采药等活动的，由林业主管部门没收违法所得，责令停止违法行为，限期恢复原状或者采取其他补救措施；对湿地造成破坏的，可以处以三百元以上一千元以下的罚款；情节严重的，处以一千元以上一万元以下的罚款；构成犯罪的，依法追究刑事责任。

第三十二条 湿地保护相关部门及其工作人员玩忽职守、徇私舞弊、滥用职权的，依法给予行政处分；构成犯罪的，依法追究刑事责任。

第六章 附 则

第三十三条 南海子湿地自然保护区的保护按照《包头市南海子湿地自然保护区条例》执行。

第三十四条 本条例自 2010 年 12 月 1 日起施行。

附录六：内蒙古自治区湿地保护条例
（2018 年修正）

发布部门：内蒙古自治区人大（含常委会）

发文字号：内蒙古自治区第十三届人民代表大会常务委员会公告第
14 号

发布日期：2018 年 12 月 6 日

实施日期：2018 年 12 月 6 日

时效性：现行有效

效力级别：省级地方性法规

法规类别：自然保护

内蒙古自治区湿地保护条例

（2007 年 5 月 31 日内蒙古自治区第十届人民代表大会常务委员会第二
十八次会议通过 根据 2018 年 12 月 6 日内蒙古自治区第十三届人民代表
大会常务委员会第十次会议《关于修改〈内蒙古自治区湿地保护条例〉等
5 件地方性法规的决定》修正）

第一条 为了加强湿地保护，维护湿地生态功能和生物多样性，促进
湿地资源可持续利用，根据国家有关法律、法规，结合自治区实际，制定
本条例。

第二条 本条例所称湿地是指自治区行政区域内的国际重要湿地、国
家重要湿地和自治区人民政府根据国家有关规定确认并公布的河流、湖

泊、沼泽和沼泽化草甸、库塘等。

第三条　在自治区行政区域内从事湿地保护、利用和管理活动的单位和个人，应当遵守本条例。

第四条　湿地保护工作应当遵循保护优先、科学规划、合理利用和持续发展的原则。

第五条　各级人民政府应当建立健全湿地保护与合理利用管理协调机制，加强对湿地保护工作的领导。

旗县级以上人民政府林业草原、生态环境、农牧业、水利、自然资源、建设等行政主管部门，按照各自的职责，依法做好湿地保护工作。

旗县级以上人民政府林业草原行政主管部门负责湿地保护的组织和协调工作。

第六条　各级人民政府及其有关行政主管部门应当开展湿地保护的宣传教育活动，提高公民的湿地保护意识。

一切单位和个人都有保护湿地资源的义务，并有权对破坏或者侵占湿地资源的行为进行检举和控告。

第七条　各级人民政府应当鼓励、支持单位和个人开展湿地保护和有关的科学研究，推广应用湿地保护先进技术。

第八条　旗县级以上人民政府及其有关行政主管部门，应当依照国家有关规定，加强湿地保护工作的国际合作，做好国际援助项目的实施工作。

第九条　自治区人民政府林业草原行政主管部门会同发展改革、农牧业、水利、自然资源、生态环境、建设等有关行政主管部门，依据全国湿地保护规划，编制自治区湿地保护规划，由自治区人民政府批准后组织实施。自治区湿地保护规划应当纳入自治区国民经济和社会发展规划。

旗县级以上人民政府组织林业草原等有关行政主管部门，依据上一级人民政府湿地保护规划，编制本行政区域湿地保护规划，报上一级人民政府备案。

各级人民政府应当保障用于湿地保护的资金投入。

第十条　自治区人民政府林业草原行政主管部门负责组织自治区湿地

资源日常调查和定期普查工作，定期普查工作每五年进行一次。

旗县级以上人民政府林业草原、生态环境、农牧业、水利等行政主管部门，应当按照各自职责加强对湿地生态资源的监测。

旗县级以上人民政府林业草原行政主管部门应当在湿地资源调查和湿地生态资源监测的基础上，建立并及时更新湿地资源信息档案。

第十一条　具备下列条件之一的湿地，应当建立湿地自然保护区：

（一）生态系统具有代表性的；

（二）生物多样性丰富或者珍稀、濒危物种集中分布的；

（三）国家和地方重点保护鸟类的繁殖地、越冬地或者重要的迁徙停歇地；

（四）具有特殊保护或者科学研究价值的其他湿地。

湿地自然保护区的建立和管理，按照有关法律、法规执行。

第十二条　在自然景观适宜、生态系统完整、生态特征显著、历史和文化价值独特、便于开展科普宣传教育活动的湿地，可以建立湿地公园。

湿地公园的建立和管理办法，由自治区人民政府制定。

第十三条　在天然湿地内从事割芦苇、割草、放牧、捕鱼等活动，应当在旗县级人民政府公布的时限和范围内进行。

旗县级人民政府在规定上述时限和范围时，应当遵循候鸟迁徙和湿地植物生长规律，妥善安排当地居民的生产生活。

禁止在湿地范围内捡拾鸟卵、采用灭绝性方式捕捞鱼类及其他水生生物，禁止非法猎捕野生动物。

第十四条　旗县级以上人民政府应当采取措施，保护湿地水资源。对因水资源缺乏导致功能退化的湿地，应当通过调水等措施补水，维护湿地生态功能。

除抢险、救灾外，在湿地取水或者拦截湿地水源，不得影响湿地合理水位或者截断湿地水系与外围水系的联系，不得破坏鱼类等水生生物洄游通道和产卵场。

第十五条　旗县级以上人民政府生态环境行政主管部门应当对湿地及周边地区排放废水、倾倒固体废物等行为进行监督。

农用薄膜、农药容器、捕捞网具等不可降解或者难以腐烂的废弃物，其使用者应当回收。造成湿地环境污染的，按照谁污染、谁治理的原则，依法采取治理措施。

第十六条　向湿地引进外来物种，必须按照国家有关规定进行审批和试验。

旗县级以上人民政府林业草原、农牧业等有关行政主管部门对引进湿地的外来物种进行动态监测，发现有害的，及时报告本级人民政府和上一级行政主管部门，并采取措施，消除危害。

第十七条　开发利用天然湿地应当按照湿地保护规划进行，不得破坏湿地生态系统的基本功能，不得破坏野生动植物栖息和生长环境。

禁止在天然湿地内擅自进行采砂、采石、采矿、挖塘、砍伐林木和开垦活动。

第十八条　任何单位和个人不得擅自占用或者改变天然湿地用途。因重要建设项目确需改变天然湿地用途的，应当按照有关法律、法规的规定办理相关审批手续。

第十九条　自治区实行湿地生态效益补偿制度。因湿地保护使湿地资源所有者、使用者的合法权益受到损害的，政府应当给予补偿，并对其生产、生活作出妥善安排。具体办法由自治区人民政府制定。

第二十条　违反本条例规定的行为，法律、法规已有处罚规定的，从其规定。

第二十一条　违反本条例第十七条规定，擅自在天然湿地内进行采砂、采石、采矿、挖塘、砍伐林木和开垦活动的，旗县级以上人民政府有关主管部门应当责令停止违法行为，限期恢复原状或者采取其他补救措施，可处5000元以上5万元以下罚款；造成湿地难以恢复等严重后果的，处5万元以上50万元以下罚款。

第二十二条　违反本条例第十八条规定，擅自占用或者改变天然湿地用途的，旗县级以上人民政府有关主管部门应当责令停止违法行为，限期恢复原状或者采取其他补救措施，可处非法占用或者改变用途湿地每平方米100元以上200元以下罚款；造成湿地难以恢复等严重后果的，处5万元以上 50 万元以下罚款。

第二十三条　国家机关及其工作人员在湿地保护工作中滥用职权、玩忽职守、徇私舞弊的，由有关部门对直接负责的主管人员和其他直接责任人员给予行政处分；构成犯罪的，依法追究刑事责任。

第二十四条　本条例自 2007 年 9 月 1 日起施行。

附录七：湿地保护管理规定
（2017 年修改）

发布部门：国家林业局（已撤销）

发文字号：中华人民共和国国家林业局令第 48 号

发布日期：2017 年 12 月 5 日

实施日期：2018 年 1 月 1 日

时效性：现行有效

效力级别：部门规章

法规类别：林业资源保护

湿地保护管理规定

（2013 年 3 月 28 日国家林业局令第 32 号公布　2017 年 12 月 5 日国家林业局令第 48 号修改）

第一条　为了加强湿地保护管理，履行《关于特别是作为水禽栖息地的国际重要湿地公约》（以下简称"国际湿地公约"），根据法律法规和有关规定，制定本规定。

第二条　本规定所称湿地，是指常年或者季节性积水地带、水域和低潮时水深不超过 6 米的海域，包括沼泽湿地、湖泊湿地、河流湿地、滨海湿地等自然湿地，以及重点保护野生动物栖息地或者重点保护野生植物原生地等人工湿地。

第三条　国家对湿地实行全面保护、科学修复、合理利用、持续发展的方针。

第四条　国家林业局负责全国湿地保护工作的组织、协调、指导和监督，并组织、协调有关国际湿地公约的履约工作。

县级以上地方人民政府林业主管部门按照有关规定负责本行政区域内的湿地保护管理工作。

第五条　县级以上人民政府林业主管部门及有关湿地保护管理机构应当加强湿地保护宣传教育和培训，结合世界湿地日、世界野生动植物日、爱鸟周和保护野生动物宣传月等开展宣传教育活动，提高公众湿地保护意识。

县级以上人民政府林业主管部门应当组织开展湿地保护管理的科学研究，应用推广研究成果，提高湿地保护管理水平。

第六条　县级以上人民政府林业主管部门应当鼓励和支持公民、法人以及其他组织，以志愿服务、捐赠等形式参与湿地保护。

第七条　国家林业局会同国务院有关部门编制全国和区域性湿地保护规划，报国务院或者其授权的部门批准。

县级以上地方人民政府林业主管部门会同同级人民政府有关部门，按照有关规定编制本行政区域内的湿地保护规划，报同级人民政府或者其授权的部门批准。

第八条　湿地保护规划应当包括下列内容：

（一）湿地资源分布情况、类型及特点、水资源、野生生物资源状况；

（二）保护和合理利用的指导思想、原则、目标和任务；

（三）湿地生态保护重点建设项目与建设布局；

（四）投资估算和效益分析；

（五）保障措施。

第九条　经批准的湿地保护规划必须严格执行；未经原批准机关批准，不得调整或者修改。

第十条　国家林业局定期组织开展全国湿地资源调查、监测和评估，按照有关规定向社会公布相关情况。

湿地资源调查、监测、评估等技术规程，由国家林业局在征求有关部门和单位意见的基础上制定。

县级以上地方人民政府林业主管部门及有关湿地保护管理机构应当组织开展本行政区域内的湿地资源调查、监测和评估工作，按照有关规定向社会公布相关情况。

第十一条 县级以上人民政府林业主管部门可以采取湿地自然保护区、湿地公园、湿地保护小区等方式保护湿地，健全湿地保护管理机构和管理制度，完善湿地保护体系，加强湿地保护。

第十二条 湿地按照其生态区位、生态系统功能和生物多样性等重要程度，分为国家重要湿地、地方重要湿地和一般湿地。

第十三条 国家林业局会同国务院有关部门制定国家重要湿地认定标准和管理办法，明确相关管理规则和程序，发布国家重要湿地名录。

第十四条 省、自治区、直辖市人民政府林业主管部门应当在同级人民政府指导下，会同有关部门制定地方重要湿地和一般湿地认定标准和管理办法，发布地方重要湿地和一般湿地名录。

第十五条 符合国际湿地公约国际重要湿地标准的，可以申请指定为国际重要湿地。

申请指定国际重要湿地的，由国务院有关部门或者湿地所在地省、自治区、直辖市人民政府林业主管部门向国家林业局提出。国家林业局应当组织论证、审核，对符合国际重要湿地条件的，在征得湿地所在地省、自治区、直辖市人民政府和国务院有关部门同意后，报国际湿地公约秘书处核准列入《国际重要湿地名录》。

第十六条 国家林业局对国际重要湿地的保护管理工作进行指导和监督，定期对国际重要湿地的生态状况开展检查和评估，并向社会公布结果。

国际重要湿地所在地的县级以上地方人民政府林业主管部门应当会同同级人民政府有关部门对国际重要湿地保护管理状况进行检查，指导国际重要湿地保护管理机构维持国际重要湿地的生态特征。

第十七条 国际重要湿地保护管理机构应当建立湿地生态预警机制，制定实施管理计划，开展动态监测，建立数据档案。

第十八条　因气候变化、自然灾害等造成国际重要湿地生态特征退化的，省、自治区、直辖市人民政府林业主管部门应当会同同级人民政府有关部门进行调查，指导国际重要湿地保护管理机构制定实施补救方案，并向同级人民政府和国家林业局报告。

因工程建设等造成国际重要湿地生态特征退化甚至消失的，省、自治区、直辖市人民政府林业主管部门应当会同同级人民政府有关部门督促、指导项目建设单位限期恢复，并向同级人民政府和国家林业局报告；对逾期不予恢复或者确实无法恢复的，由国家林业局会商所在地省、自治区、直辖市人民政府和国务院有关部门后，按照有关规定处理。

第十九条　具备自然保护区建立条件的湿地，应当依法建立自然保护区。

自然保护区的建立和管理按照自然保护区管理的有关规定执行。

第二十条　以保护湿地生态系统、合理利用湿地资源、开展湿地宣传教育和科学研究为目的，并可供开展生态旅游等活动的湿地，可以设立湿地公园。

湿地公园分为国家湿地公园和地方湿地公园。

第二十一条　国家湿地公园实行晋升制。符合下列条件的，可以申请晋升为国家湿地公园：

（一）湿地生态系统在全国或者区域范围内具有典型性，或者湿地区域生态地位重要，或者湿地主体生态功能具有典型示范性，或者湿地生物多样性丰富，或者集中分布有珍贵、濒危的野生生物物种；

（二）具有重要或者特殊科学研究、宣传教育和文化价值；

（三）成为省级湿地公园两年以上（含两年）；

（四）保护管理机构和制度健全；

（五）省级湿地公园总体规划实施良好；

（六）土地权属清晰，相关权利主体同意作为国家湿地公园；

（七）湿地保护、科研监测、科普宣传教育等工作取得显著成效。

第二十二条　申请晋升为国家湿地公园的，由省、自治区、直辖市人民政府林业主管部门向国家林业局提出申请。

国家林业局在收到申请后，组织论证审核，对符合条件的，晋升为国家湿地公园。

第二十三条　省级以上人民政府林业主管部门应当对国家湿地公园的建设和管理进行监督检查和评估。

因自然因素或者管理不善导致国家湿地公园条件丧失的，或者对存在问题拒不整改或者整改不符合要求的，国家林业局应当撤销国家湿地公园的命名，并向社会公布。

第二十四条　地方湿地公园的设立和管理，按照地方有关规定办理。

第二十五条　因保护湿地给湿地所有者或者经营者合法权益造成损失的，应当按照有关规定予以补偿。

第二十六条　县级以上人民政府林业主管部门及有关湿地保护管理机构应当组织开展退化湿地修复工作，恢复湿地功能或者扩大湿地面积。

第二十七条　县级以上人民政府林业主管部门及有关湿地保护管理机构应当开展湿地动态监测，并在湿地资源调查和监测的基础上，建立和更新湿地资源档案。

第二十八条　县级以上人民政府林业主管部门应当对开展生态旅游等利用湿地资源的活动进行指导和监督。

第二十九条　除法律法规有特别规定的以外，在湿地内禁止从事下列活动：

（一）开（围）垦、填埋或者排干湿地；

（二）永久性截断湿地水源；

（三）挖沙、采矿；

（四）倾倒有毒有害物质、废弃物、垃圾；

（五）破坏野生动物栖息地和迁徙通道、鱼类洄游通道，滥采滥捕野生动植物；

（六）引进外来物种；

（七）擅自放牧、捕捞、取土、取水、排污、放生；

（八）其他破坏湿地及其生态功能的活动。

第三十条　建设项目应当不占或者少占湿地，经批准确需征收、占用湿地并转为其他用途的，用地单位应当按照"先补后占、占补平衡"的原则，依法办理相关手续。

临时占用湿地的，期限不得超过 2 年；临时占用期限届满，占用单位应当对所占湿地限期进行生态修复。

第三十一条　县级以上地方人民政府林业主管部门应当会同同级人民政府有关部门，在同级人民政府的组织下建立湿地生态补水协调机制，保障湿地生态用水需求。

第三十二条　县级以上人民政府林业主管部门应当按照有关规定开展湿地防火工作，加强防火基础设施和队伍建设。

第三十三条　县级以上人民政府林业主管部门应当会同同级人民政府有关部门协调、组织、开展湿地有害生物防治工作；湿地保护管理机构应当按照有关规定承担湿地有害生物防治的具体工作。

第三十四条　县级以上人民政府林业主管部门应当会同同级人民政府有关部门开展湿地保护执法活动，对破坏湿地的违法行为依法予以处理。

第三十五条　本规定自 2013 年 5 月 1 日起施行。

附录八：中华人民共和国湿地保护法

发布部门：全国人大常委会

发文字号：中华人民共和国主席令第 102 号

批准部门：全国人大常委会

批准日期：2021 年 12 月 24 日

发布日期：2021 年 12 月 24 日

实施日期：2022 年 6 月 1 日

时效性：现行有效

效力级别：法律

法规类别：自然保护

中华人民共和国湿地保护法

（2021 年 12 月 24 日第十三届全国人民代表大会常务委员会第三十二次会议通过）

目　录

第六章　法律责任

第七章　附　　则

第一章　总　　则

第一条　为了加强湿地保护，维护湿地生态功能及生物多样性，保障生态安全，促进生态文明建设，实现人与自然和谐共生，制定本法。

第二条　在中华人民共和国领域及管辖的其他海域内从事湿地保护、利用、修复及相关管理活动，适用本法。

本法所称湿地，是指具有显著生态功能的自然或者人工的、常年或者季节性积水地带、水域，包括低潮时水深不超过六米的海域，但是水田以及用于养殖的人工的水域和滩涂除外。国家对湿地实行分级管理及名录制度。

江河、湖泊、海域等的湿地保护、利用及相关管理活动还应当适用《中华人民共和国水法》、《中华人民共和国防洪法》、《中华人民共和国水污染防治法》、《中华人民共和国海洋环境保护法》、《中华人民共和国长江保护法》、《中华人民共和国渔业法》、《中华人民共和国海域使用管理法》等有关法律的规定。

第三条　湿地保护应当坚持保护优先、严格管理、系统治理、科学修复、合理利用的原则，发挥湿地涵养水源、调节气候、改善环境、维护生物多样性等多种生态功能。

第四条　县级以上人民政府应当将湿地保护纳入国民经济和社会发展规划，并将开展湿地保护工作所需经费按照事权划分原则列入预算。

县级以上地方人民政府对本行政区域内的湿地保护负责，采取措施保持湿地面积稳定，提升湿地生态功能。

乡镇人民政府组织群众做好湿地保护相关工作，村民委员会予以协助。

第五条　国务院林业草原主管部门负责湿地资源的监督管理，负责湿地保护规划和相关国家标准拟定、湿地开发利用的监督管理、湿地生态保护修复工作。国务院自然资源、水行政、住房城乡建设、生态环境、农业农村等其他有关部门，按照职责分工承担湿地保护、修复、管理有关工作。

国务院林业草原主管部门会同国务院自然资源、水行政、住房城乡建设、生态环境、农业农村等主管部门建立湿地保护协作和信息通报机制。

第六条 县级以上地方人民政府应当加强湿地保护协调工作。县级以上地方人民政府有关部门按照职责分工负责湿地保护、修复、管理有关工作。

第七条 各级人民政府应当加强湿地保护宣传教育和科学知识普及工作，通过湿地保护日、湿地保护宣传周等开展宣传教育活动，增强全社会湿地保护意识；鼓励基层群众性自治组织、社会组织、志愿者开展湿地保护法律法规和湿地保护知识宣传活动，营造保护湿地的良好氛围。

教育主管部门、学校应当在教育教学活动中注重培养学生的湿地保护意识。

新闻媒体应当开展湿地保护法律法规和湿地保护知识的公益宣传，对破坏湿地的行为进行舆论监督。

第八条 国家鼓励单位和个人依法通过捐赠、资助、志愿服务等方式参与湿地保护活动。

对在湿地保护方面成绩显著的单位和个人，按照国家有关规定给予表彰、奖励。

第九条 国家支持开展湿地保护科学技术研究开发和应用推广，加强湿地保护专业技术人才培养，提高湿地保护科学技术水平。

第十条 国家支持开展湿地保护科学技术、生物多样性、候鸟迁徙等方面的国际合作与交流。

第十一条 任何单位和个人都有保护湿地的义务，对破坏湿地的行为有权举报或者控告，接到举报或者控告的机关应当及时处理，并依法保护举报人、控告人的合法权益。

第二章　湿地资源管理

第十二条　国家建立湿地资源调查评价制度。

国务院自然资源主管部门应当会同国务院林业草原等有关部门定期开展全国湿地资源调查评价工作，对湿地类型、分布、面积、生物多样性、保护与利用情况等进行调查，建立统一的信息发布和共享机制。

第十三条　国家实行湿地面积总量管控制度，将湿地面积总量管控目标纳入湿地保护目标责任制。

国务院林业草原、自然资源主管部门会同国务院有关部门根据全国湿地资源状况、自然变化情况和湿地面积总量管控要求，确定全国和各省、自治区、直辖市湿地面积总量管控目标，报国务院批准。地方各级人民政府应当采取有效措施，落实湿地面积总量管控目标的要求。

第十四条　国家对湿地实行分级管理，按照生态区位、面积以及维护生态功能、生物多样性的重要程度，将湿地分为重要湿地和一般湿地。重要湿地包括国家重要湿地和省级重要湿地，重要湿地以外的湿地为一般湿地。重要湿地依法划入生态保护红线。

国务院林业草原主管部门会同国务院自然资源、水行政、住房城乡建设、生态环境、农业农村等有关部门发布国家重要湿地名录及范围，并设立保护标志。国际重要湿地应当列入国家重要湿地名录。

省、自治区、直辖市人民政府或者其授权的部门负责发布省级重要湿地名录及范围，并向国务院林业草原主管部门备案。

一般湿地的名录及范围由县级以上地方人民政府或者其授权的部门发布。

第十五条　国务院林业草原主管部门应当会同国务院有关部门，依据国民经济和社会发展规划、国土空间规划和生态环境保护规划编制全国湿地保护规划，报国务院或者其授权的部门批准后组织实施。

县级以上地方人民政府林业草原主管部门应当会同有关部门，依据本级国土空间规划和上一级湿地保护规划编制本行政区域内的湿地保护规划，报同级人民政府批准后组织实施。

湿地保护规划应当明确湿地保护的目标任务、总体布局、保护修复重点和保障措施等内容。经批准的湿地保护规划需要调整的，按照原批准程序办理。

编制湿地保护规划应当与流域综合规划、防洪规划等规划相衔接。

第十六条　国务院林业草原、标准化主管部门会同国务院自然资源、水行政、住房城乡建设、生态环境、农业农村主管部门组织制定湿地分级分类、监测预警、生态修复等国家标准；国家标准未作规定的，可以依法制定地方标准并备案。

第十七条　县级以上人民政府林业草原主管部门建立湿地保护专家咨询机制，为编制湿地保护规划、制定湿地名录、制定相关标准等提供评估论证等服务。

第十八条　办理自然资源权属登记涉及湿地的，应当按照规定记载湿地的地理坐标、空间范围、类型、面积等信息。

第十九条　国家严格控制占用湿地。

禁止占用国家重要湿地，国家重大项目、防灾减灾项目、重要水利及保护设施项目、湿地保护项目等除外。

建设项目选址、选线应当避让湿地，无法避让的应当尽量减少占用，并采取必要措施减轻对湿地生态功能的不利影响。

建设项目规划选址、选线审批或者核准时，涉及国家重要湿地的，应当征求国务院林业草原主管部门的意见；涉及省级重要湿地或者一般湿地的，应当按照管理权限，征求县级以上地方人民政府授权的部门的意见。

第二十条　建设项目确需临时占用湿地的，应当依照《中华人民共和国土地管理法》、《中华人民共和国水法》、《中华人民共和国森林法》、《中华人民共和国草原法》、《中华人民共和国海域使用管理法》等有关法律法规的规定办理。临时占用湿地的期限一般不得超过二年，并不得在临时占用的湿地上修建永久性建筑物。

临时占用湿地期满后一年内，用地单位或者个人应当恢复湿地面积和生态条件。

第二十一条　除因防洪、航道、港口或者其他水工程占用河道管理范围及蓄滞洪区内的湿地外，经依法批准占用重要湿地的单位应当根据当地自然条件恢复或者重建与所占用湿地面积和质量相当的湿地；没有条件恢复、重建的，应当缴纳湿地恢复费。缴纳湿地恢复费的，不再缴纳其他相同性质的恢复费用。

湿地恢复费缴纳和使用管理办法由国务院财政部门会同国务院林业草原等有关部门制定。

第二十二条　国务院林业草原主管部门应当按照监测技术规范开展国家重要湿地动态监测，及时掌握湿地分布、面积、水量、生物多样性、受威胁状况等变化信息。

国务院林业草原主管部门应当依据监测数据，对国家重要湿地生态状况进行评估，并按照规定发布预警信息。

省、自治区、直辖市人民政府林业草原主管部门应当按照监测技术规范开展省级重要湿地动态监测、评估和预警工作。

县级以上地方人民政府林业草原主管部门应当加强对一般湿地的动态监测。

第三章　湿地保护与利用

第二十三条　国家坚持生态优先、绿色发展，完善湿地保护制度，健全湿地保护政策支持和科技支撑机制，保障湿地生态功能和永续利用，实现生态效益、社会效益、经济效益相统一。

第二十四条　省级以上人民政府及其有关部门根据湿地保护规划和湿地保护需要，依法将湿地纳入国家公园、自然保护区或者自然公园。

第二十五条　地方各级人民政府及其有关部门应当采取措施，预防和控制人为活动对湿地及其生物多样性的不利影响，加强湿地污染防治，减缓人为因素和自然因素导致的湿地退化，维护湿地生态功能稳定。

在湿地范围内从事旅游、种植、畜牧、水产养殖、航运等利用活动，应当避免改变湿地的自然状况，并采取措施减轻对湿地生态功能的不利影响。

县级以上人民政府有关部门在办理环境影响评价、国土空间规划、海域使用、养殖、防洪等相关行政许可时，应当加强对有关湿地利用活动的必要性、合理性以及湿地保护措施等内容的审查。

第二十六条　地方各级人民政府对省级重要湿地和一般湿地利用活动进行分类指导，鼓励单位和个人开展符合湿地保护要求的生态旅游、生态农业、生态教育、自然体验等活动，适度控制种植养殖等湿地利用规模。

地方各级人民政府应当鼓励有关单位优先安排当地居民参与湿地管护。

第二十七条　县级以上地方人民政府应当充分考虑保障重要湿地生态功能的需要，优化重要湿地周边产业布局。

县级以上地方人民政府可以采取定向扶持、产业转移、吸引社会资金、社区共建等方式，推动湿地周边地区绿色发展，促进经济发展与湿地保护相协调。

第二十八条　禁止下列破坏湿地及其生态功能的行为：

（一）开（围）垦、排干自然湿地，永久性截断自然湿地水源；

（二）擅自填埋自然湿地，擅自采砂、采矿、取土；

（三）排放不符合水污染物排放标准的工业废水、生活污水及其他污染湿地的废水、污水，倾倒、堆放、丢弃、遗撒固体废物；

（四）过度放牧或者滥采野生植物，过度捕捞或者灭绝式捕捞，过度施肥、投药、投放饵料等污染湿地的种植养殖行为；

（五）其他破坏湿地及其生态功能的行为。

第二十九条　县级以上人民政府有关部门应当按照职责分工，开展湿地有害生物监测工作，及时采取有效措施预防、控制、消除有害生物对湿地生态系统的危害。

第三十条　县级以上人民政府应当加强对国家重点保护野生动植物集中分布湿地的保护。任何单位和个人不得破坏鸟类和水生生物的生存环境。

禁止在以水鸟为保护对象的自然保护地及其他重要栖息地从事捕鱼、挖捕底栖生物、捡拾鸟蛋、破坏鸟巢等危及水鸟生存、繁衍的活动。开展观鸟、科学研究以及科普活动等应当保持安全距离，避免影响鸟类正常觅食和繁殖。

在重要水生生物产卵场、索饵场、越冬场和洄游通道等重要栖息地应当实施保护措施。经依法批准在洄游通道建闸、筑坝，可能对水生生物洄游产生影响的，建设单位应当建造过鱼设施或者采取其他补救措施。

禁止向湿地引进和放生外来物种，确需引进的应当进行科学评估，并依法取得批准。

第三十一条　国务院水行政主管部门和地方各级人民政府应当加强对河流、湖泊范围内湿地的管理和保护，因地制宜采取水系连通、清淤疏浚、水源涵养与水土保持等治理修复措施，严格控制河流源头和蓄滞洪区、水土流失严重区等区域的湿地开发利用活动，减轻对湿地及其生物多样性的不利影响。

第三十二条　国务院自然资源主管部门和沿海地方各级人民政府应当加强对滨海湿地的管理和保护，严格管控围填滨海湿地。经依法批准的项目，应当同步实施生态保护修复，减轻对滨海湿地生态功能的不利影响。

第三十三条　国务院住房城乡建设主管部门和地方各级人民政府应当加强对城市湿地的管理和保护，采取城市水系治理和生态修复等措施，提升城市湿地生态质量，发挥城市湿地雨洪调蓄、净化水质、休闲游憩、科普教育等功能。

第三十四条　红树林湿地所在地县级以上地方人民政府应当组织编制红树林湿地保护专项规划，采取有效措施保护红树林湿地。

红树林湿地应当列入重要湿地名录；符合国家重要湿地标准的，应当优先列入国家重要湿地名录。

禁止占用红树林湿地。经省级以上人民政府有关部门评估，确因国家重大项目、防灾减灾等需要占用的，应当依照有关法律规定办理，并做好保护和修复工作。相关建设项目改变红树林所在河口水文情势、对红树林生长产生较大影响的，应当采取有效措施减轻不利影响。

禁止在红树林湿地挖塘，禁止采伐、采挖、移植红树林或者过度采摘红树林种子，禁止投放、种植危害红树林生长的物种。因科研、医药或者红树林湿地保护等需要采伐、采挖、移植、采摘的，应当依照有关法律法规办理。

第三十五条　泥炭沼泽湿地所在地县级以上地方人民政府应当制定泥炭沼泽湿地保护专项规划，采取有效措施保护泥炭沼泽湿地。

符合重要湿地标准的泥炭沼泽湿地，应当列入重要湿地名录。

禁止在泥炭沼泽湿地开采泥炭或者擅自开采地下水；禁止将泥炭沼泽湿地蓄水向外排放，因防灾减灾需要的除外。

第三十六条　国家建立湿地生态保护补偿制度。

国务院和省级人民政府应当按照事权划分原则加大对重要湿地保护的财政投入，加大对重要湿地所在地区的财政转移支付力度。

国家鼓励湿地生态保护地区与湿地生态受益地区人民政府通过协商或者市场机制进行地区间生态保护补偿。

因生态保护等公共利益需要，造成湿地所有者或者使用者合法权益受到损害的，县级以上人民政府应当给予补偿。

第四章　湿地修复

第三十七条　县级以上人民政府应当坚持自然恢复为主、自然恢复和人工修复相结合的原则，加强湿地修复工作，恢复湿地面积，提高湿地生态系统质量。

县级以上人民政府对破碎化严重或者功能退化的自然湿地进行综合整治和修复，优先修复生态功能严重退化的重要湿地。

第三十八条　县级以上人民政府组织开展湿地保护与修复，应当充分考虑水资源禀赋条件和承载能力，合理配置水资源，保障湿地基本生态用水需求，维护湿地生态功能。

第三十九条　县级以上地方人民政府应当科学论证，对具备恢复条件的原有湿地、退化湿地、盐碱化湿地等，因地制宜采取措施，恢复湿地生态功能。

县级以上地方人民政府应当按照湿地保护规划，因地制宜采取水体治理、土地整治、植被恢复、动物保护等措施，增强湿地生态功能和碳汇功能。

禁止违法占用耕地等建设人工湿地。

第四十条　红树林湿地所在地县级以上地方人民政府应当对生态功能重要区域、海洋灾害风险等级较高地区、濒危物种保护区域或者造林条件较好地区的红树林湿地优先实施修复，对严重退化的红树林湿地进行抢救性修复，修复应当尽量采用本地树种。

第四十一条　泥炭沼泽湿地所在地县级以上地方人民政府应当因地制宜，组织对退化泥炭沼泽湿地进行修复，并根据泥炭沼泽湿地的类型、发育状况和退化程度等，采取相应的修复措施。

第四十二条　修复重要湿地应当编制湿地修复方案。

重要湿地的修复方案应当报省级以上人民政府林业草原主管部门批准。林业草原主管部门在批准修复方案前，应当征求同级人民政府自然资源、水行政、住房城乡建设、生态环境、农业农村等有关部门的意见。

第四十三条　修复重要湿地应当按照经批准的湿地修复方案进行修复。

重要湿地修复完成后，应当经省级以上人民政府林业草原主管部门验收合格，依法公开修复情况。省级以上人民政府林业草原主管部门应当加强修复湿地后期管理和动态监测，并根据需要开展修复效果后期评估。

第四十四条　因违法占用、开采、开垦、填埋、排污等活动，导致湿地破坏的，违法行为人应当负责修复。违法行为人变更的，由承继其债权、债务的主体负责修复。

因重大自然灾害造成湿地破坏，以及湿地修复责任主体灭失或者无法确定的，由县级以上人民政府组织实施修复。

第五章　监督检查

第四十五条　县级以上人民政府林业草原、自然资源、水行政、住房城乡建设、生态环境、农业农村主管部门应当依照本法规定，按照职责分工对湿地的保护、修复、利用等活动进行监督检查，依法查处破坏湿地的违法行为。

第四十六条　县级以上人民政府林业草原、自然资源、水行政、住房城乡建设、生态环境、农业农村主管部门进行监督检查，有权采取下列措施：

（一）询问被检查单位或者个人，要求其对与监督检查事项有关的情况作出说明；

（二）进行现场检查；

（三）查阅、复制有关文件、资料，对可能被转移、销毁、隐匿或者篡改的文件、资料予以封存；

（四）查封、扣押涉嫌违法活动的场所、设施或者财物。

第四十七条　县级以上人民政府林业草原、自然资源、水行政、住房城乡建设、生态环境、农业农村主管部门依法履行监督检查职责，有关单位和个人应当予以配合，不得拒绝、阻碍。

第四十八条　国务院林业草原主管部门应当加强对国家重要湿地保护情况的监督检查。省、自治区、直辖市人民政府林业草原主管部门应当加强对省级重要湿地保护情况的监督检查。

县级人民政府林业草原主管部门和有关部门应当充分利用信息化手段，对湿地保护情况进行监督检查。

各级人民政府及其有关部门应当依法公开湿地保护相关信息，接受社会监督。

第四十九条　国家实行湿地保护目标责任制，将湿地保护纳入地方人民政府综合绩效评价内容。

对破坏湿地问题突出、保护工作不力、群众反映强烈的地区，省级以上人民政府林业草原主管部门应当会同有关部门约谈该地区人民政府的主要负责人。

第五十条　湿地的保护、修复和管理情况，应当纳入领导干部自然资源资产离任审计。

第六章　法律责任

第五十一条　县级以上人民政府有关部门发现破坏湿地的违法行为或者接到对违法行为的举报，不予查处或者不依法查处，或者有其他玩忽职守、滥用职权、徇私舞弊行为的，对直接负责的主管人员和其他直接责任人员依法给予处分。

第五十二条　违反本法规定，建设项目擅自占用国家重要湿地的，由县级以上人民政府林业草原等有关主管部门按照职责分工责令停止违法行为，限期拆除在非法占用的湿地上新建的建筑物、构筑物和其他设施，修复湿地或者采取其他补救措施，按照违法占用湿地的面积，处每平方米一千元以上一万元以下罚款；违法行为人不停止建设或者逾期不拆除的，由作出行政处罚决定的部门依法申请人民法院强制执行。

第五十三条　建设项目占用重要湿地，未依照本法规定恢复、重建湿地的，由县级以上人民政府林业草原主管部门责令限期恢复、重建湿地；逾期未改正的，由县级以上人民政府林业草原主管部门委托他人代为履行，所需费用由违法行为人承担，按照占用湿地的面积，处每平方米五百元以上二千元以下罚款。

第五十四条　违反本法规定，开（围）垦、填埋自然湿地的，由县级以上人民政府林业草原等有关主管部门按照职责分工责令停止违法行为，限期修复湿地或者采取其他补救措施，没收违法所得，并按照破坏湿地面积，处每平方米五百元以上五千元以下罚款；破坏国家重要湿地的，并按照破坏湿地面积，处每平方米一千元以上一万元以下罚款。

违反本法规定，排干自然湿地或者永久性截断自然湿地水源的，由县级以上人民政府林业草原主管部门责令停止违法行为，限期修复湿地或者采取其他补救措施，没收违法所得，并处五万元以上五十万元以下罚款；造成严重后果的，并处五十万元以上一百万元以下罚款。

第五十五条　违反本法规定，向湿地引进或者放生外来物种的，依照《中华人民共和国生物安全法》等有关法律法规的规定处理、处罚。

第五十六条　违反本法规定，在红树林湿地内挖塘的，由县级以上人民政府林业草原等有关主管部门按照职责分工责令停止违法行为，限期修复湿地或者采取其他补救措施，按照破坏湿地面积，处每平方米一千元以上一万元以下罚款；对树木造成毁坏的，责令限期补种成活毁坏株数一倍以上三倍以下的树木，无法确定毁坏株数的，按照相同区域同类树种生长密度计算株数。

违反本法规定，在红树林湿地内投放、种植妨碍红树林生长物种的，由县级以上人民政府林业草原主管部门责令停止违法行为，限期清理，处二万元以上十万元以下罚款；造成严重后果的，处十万元以上一百万元以下罚款。

第五十七条　违反本法规定开采泥炭的，由县级以上人民政府林业草原等有关主管部门按照职责分工责令停止违法行为，限期修复湿地或者采取其他补救措施，没收违法所得，并按照采挖泥炭体积，处每立方米二千元以上一万元以下罚款。

违反本法规定，从泥炭沼泽湿地向外排水的，由县级以上人民政府林业草原主管部门责令停止违法行为，限期修复湿地或者采取其他补救措施，没收违法所得，并处一万元以上十万元以下罚款；情节严重的，并处十万元以上一百万元以下罚款。

第五十八条　违反本法规定，未编制修复方案修复湿地或者未按照修复方案修复湿地，造成湿地破坏的，由省级以上人民政府林业草原主管部门责令改正，处十万元以上一百万元以下罚款。

第五十九条　破坏湿地的违法行为人未按照规定期限或者未按照修复方案修复湿地的，由县级以上人民政府林业草原主管部门委托他人代为履行，所需费用由违法行为人承担；违法行为人因被宣告破产等原因丧失修复能力的，由县级以上人民政府组织实施修复。

第六十条　违反本法规定，拒绝、阻碍县级以上人民政府有关部门依法进行的监督检查的，处二万元以上二十万元以下罚款；情节严重的，可以责令停产停业整顿。

第六十一条　违反本法规定，造成生态环境损害的，国家规定的机关或者法律规定的组织有权依法请求违法行为人承担修复责任、赔偿损失和有关费用。

第六十二条 违反本法规定，构成违反治安管理行为的，由公安机关依法给予治安管理处罚；构成犯罪的，依法追究刑事责任。

第七章 附 则

第六十三条 本法下列用语的含义：

（一）红树林湿地，是指由红树植物为主组成的近海和海岸潮间湿地；

（二）泥炭沼泽湿地，是指有泥炭发育的沼泽湿地。

第六十四条 省、自治区、直辖市和设区的市、自治州可以根据本地实际，制定湿地保护具体办法。

第六十五条 本法自 2022 年 6 月 1 日起施行。

后　记

　　包头市南海湿地风景区是我国北方重要生态安全屏障中的一环，具有重要的生态价值。南海湿地风景区是我国西北干旱与半干旱地区的一块典型的黄河滩涂湿地，属于高纬度黄河湿地。南海湿地风景区位于国际鸟类"中亚迁徙线"与"东亚和澳大利亚迁徙线"片区交界带，是全球候鸟迁徙路线中的重要一站，鸟类是其主要的保护对象。同时，南海湿地风景区属于城市中的湿地，为包头市提供了宝贵的生态财富，也为广大市民提供了景色优美的休闲娱乐场所。对其进行保护和开发研究具有重大的现实指导意义。

　　基于2018年对南海湿地风景区的调研，我主动选择完成一本关于南海湿地调查的书。一方面与我所教授的课程相关，具有一定的知识积累；另一方面，湿地保护领域是一块学术研究的新领域，值得进行深入研究。虽然书稿已经付梓，但对于湿地保护方面的讨论还有完善的空间。例如，如何进一步协调湿地保护和开发利用的关系；如何增强湿地保护工作的系统性、整体性和协同性；如何解决湿地保护和修复的资金问题；如何保障湿地保护立法的实施效果；如何衔接国家立法和地方立法，等等。这些问题都是全国各湿地所面临的共性问题，有必要在理论上和实践中进一步探讨和试验。

　　本书的完成可谓一波多折，主要是我自身的原因造成，并引发了一系列不利后果的恶性循环。期间我经历了撰写博士毕业论文、博士答辩和生育二胎，导致书稿迟迟未能交付。由于时间跨度大，从实地调查到本书出版，历经了南海湿地管理机构三任领导，还遇到了南海湿地的机构改革，一是管理机构的更名，二是执法权的上划，这些对书稿的写作造成了很大影响。幸运的是，民族出版社的孙秀梅责编没有放弃我，一步步推着我往前走；包头市东河区政府办法律中心姚勐主任有求必应，一次次帮我跟南海湿地相关同志对接，核实相关数据和材料；南海湿地的历任、现任领导和相关同志一遍遍地帮我收集、核实撰写书稿所需的材料，为书稿出版提供了大力支持；调研组领导、成员相互鼓励和监督，促使我坚持完成书稿写作。在此，衷心感谢他们！

　　湿地保护作为生态文明建设的重要内容，事关国家生态安全和经济社会可持续发展，事关中华民族子孙后代的生存福祉，希望更多人了解湿地并参与到湿地保护中。

秦莉佳
2023 年 8 月

图书在版编目（CIP）数据

包头市南海湿地风景区调查 / 秦莉佳著 . — 北京：
民族出版社 , 2023.11
（边疆地区社会秩序及乡村治理系列丛书 / 谢尚果，
李文平，宋才发主编）
ISBN 978-7-105-17137-8

Ⅰ . ①包… Ⅱ . ①秦… Ⅲ . ①沼泽化地—风景区—调
查研究—包头 Ⅳ . ① P942.263.78

中国版本图书馆 CIP 数据核字（2023）第 221657 号

包头市南海湿地风景区调查

著　　者：秦莉佳
策划编辑：欧光明
责任编辑：孙秀梅
封面设计：金　晔
出版发行：民族出版社
地　　址：北京市东城区和平里北街 14 号
邮　　编：100013
电　　话：010–58130100（汉文编辑二室）
　　　　　010–64224782（发行部）
网　　址：http://www.mzpub.com
印　　刷：北京中石油彩色印刷有限责任公司
经　　销：各地新华书店
版　　次：2023 年 11 月第 1 版　2023 年 11 月北京第 1 次印刷
开　　本：787 毫米 ×1092 毫米　1/16
字　　数：250 千字
印　　张：15.75
定　　价：80.00 元
书　　号：ISBN 978–7–105–17137–8/P · 57（汉 5）

该书若有印装质量问题，请与本社发行部联系退换。